『通古察今』系列丛书

西北水利议

——元明清江南籍官员学者的思想主张

王培华 著

河南人民出版社

图书在版编目(CIP)数据

西北水利议 ：元明清江南籍官员学者的思想主张 / 王培华著. — 郑州 ：河南人民出版社，2019. 12(2025. 3 重印)
(“通古察今”系列丛书)
ISBN 978-7-215-12097-6

Ⅰ. ①西… Ⅱ. ①王… Ⅲ. ①水利史-研究-西北地区-元代-清代 Ⅳ. ①TV-092

中国版本图书馆 CIP 数据核字(2019)第 272805 号

河南人民出版社出版发行
(地址:郑州市郑东新区祥盛街 27 号 邮政编码:450016 电话:0371-65788077)
新华书店经销　　环球东方(北京)印务有限公司印刷
开本　787mm×1092mm　　1/32　　印张　10. 125
字数　145 千
2019 年 12 月第 1 版　　2025 年 3 月第 2 次印刷

定价：58. 00 元

序言

在北京师范大学的百余年发展历程中，历史学科始终占有重要地位。经过几代人的不懈努力，今天的北京师范大学历史学院业已成为史学研究的重要基地，是国家首批博士学位一级学科授予权单位，拥有国家重点学科、博士后流动站、教育部人文社会科学重点研究基地等一系列学术平台，综合实力居全国高校历史学科前列。目前被列入国家一流大学一流学科建设行列，正在向世界一流学科迈进。在教学方面，历史学院的课程改革、教材编纂、教书育人，都取得了显著的成绩，曾荣获国家教学改革成果一等奖。在科学研究方面，同样取得了令人瞩目的成就，在出版了由白寿彝教授任总主编、被学术界誉为“20世纪中国史学的压轴之作”的多卷本《中国通史》后，一批底蕴深厚、质量高超的学术论著相继问世，如八卷本《中国文化发展史》、二十卷本“中国古代社会和政治研究丛书”、三卷本《清代理学史》、五卷本《历史文化认同与中国统一多民族国家》、二十三卷本《陈垣全集》，以及《历史视野下的中华民族精神》《中西古代历史、史学与理论比较研究》《上博简〈诗论〉研究》等，这些著作皆声誉卓著，在学界产生较大影响，得到同行普遍好评。

除上述著作外，历史学院的教师们潜心学术，以探索精神攻关，又陆续取得了众多具有原创性的成果，在历史学各分支学科的研究上连创佳绩，始终处在学科前沿。为了集中展示历史学院的这些探索性成果，我们组织编写了这套“通古察今”系列丛书。丛书所收著作多以问题为导向，集中解决古今中外历史上值得关注的重要学术问题，篇幅虽小，然问题意识明显，学术视野尤为开阔。希冀它的出版，在促进北京师范大学历史学科更好发展的同时，为学术界乃至全社会贡献一批真正立得住的学术佳作。

当然，作为探索性的系列丛书，不成熟乃至疏漏之处在所难免，还望学界同人不吝赐教。

北京师范大学历史学院
北京师范大学史学理论与史学史研究中心
北京师范大学“通古察今”系列丛书编辑委员会
2019 年 1 月

目 录

前　言 \ 1

元明清时期的“西北水利议” \ 5

一、从郭守敬、虞集说起 \ 6

二、京东、畿内和西北 \ 13

三、民垦、军垦、官办及其他 \ 19

四、利水之法与用水之法 \ 25

五、西北水利与实际成绩 \ 31

虞集与元明清西北水利议 \ 42

元朝东吴士人领袖郑元祐 \ 61

元代江南籍官员学者发展西北水利的主张及其历史影响 \ 75

一、江南籍官员学者关于江南赋税之重的意识及其论证 \ 75

二、江南籍官员学者关于元代北方经济落后之认识 \ 87

三、江南籍官员学者发展西北水利的主张、实质及影响 \ 96

元明清时期西北水利的理论与实践 \ 108

一、元朝陕西河渠司“分水”“用水则例”的作用 \ 109

二、明清旱田用水五法与井利说的实践效果 \ 119

三、元明清西北水利理论与实践的现代借鉴价值 \ 131

明中期吴中故家大族的盛衰 \ 135

——以昆山大家族为中心

一、成化、弘治（1465—1505）时故家大族的兴盛 \ 137

二、正德、嘉靖（1506—1565）时故家大族的式微 \ 143

三、不衰与衰而复振的奥秘 \ 151

“因看吴越谱，世事使人哀” \ 158

——经世学者归有光

归有光与明中期吴中经世之学 \ 173

一、关注东南民生利病 \ 174

二、考察吏治风俗之变迁 \ 182

三、批判科举弊端 \ 191

四、归有光与吴中经世之学 \ 196

明中期以来江南学者的“是非”之论 \ 202

一、“是非”之论的发展演变过程 \ 203

二、“是非”之论的根源 \ 212

三、“是非”之论的实质及历史地位 \ 219

元明清对华北水利认识的发展变化 \ 225

——以对畿辅水土性质的争论为中心

一、畿辅水土不宜发展水利的说法 \ 226

二、畿辅水土特性宜于水利水稻的认识 \ 232

三、桂超万、李鸿章对畿辅水利态度的前后转变及原因 \ 244

四、结论 \ 255

附录一 海上长城的筹划者郑若曾 \ 258

附录二　郑若曾行年、著作考 \ 268
——兼论《筹海图编》的作者问题
一、生平事迹 \ 268
二、《郑开阳杂著》和《筹海图编》同异 \ 278

参考文献 \ 301

后　记 \ 310

前 言

在历史文献中，有几十种讲究西北水利的文献，其作者是发展西北水利的主张者，是南方人，如虞集、郑元祐、归有光、郑若曾、徐贞明、徐光启、顾炎武、汪应蛟、冯应京、左光斗、董应举、徐光启、蓝理、徐越、沈梦兰、柴潮生、许承宣、潘锡恩、包世臣、唐鉴、林则徐、桂超万、左宗棠等。他们关注发展西北水利，甚于北方人。

南方人为什么这么关心发展西北水利？原来，自元代以来，一些江南籍官员学者，北上京师，他们发现南北农业景观迥异。他们认为，京师之所以需要海运、漕运东南粮食，主要是因为北方地利未修，水利未开发，所以他们提倡发展农田水利，希望就近解决京师粮食供应问题，以减轻南方人的负担。其中元代虞集是较早提倡发展西北水利的江南籍官员学者，他在科举考试对策中提出发展西北水利。在为泰定帝讲读经史之余，他提出，在京师之濒滨海数千里，北极辽海，南滨青齐，用浙人之法，筑堤捍水为田。这极大地启发了江南籍官员学者的西北水利思想。元末东吴士人领袖郑元祐说，大都粮食供应“悉仰东南之海运，其为计亦左矣”。他有感于南方赋重，海运风涛漂没之险，批评国家实行海运后西北水利不修的现状，认为国家应该招募江南农师到北方，帮助当地兴修水利，就近解决大都粮食供应，缓解东南的粮食压力。当元末天下大乱时，东吴士人对朝廷不再抱有希望，纷纷投靠张士诚，所谓“智者献其谋，勇者效其力，学者售其能，惟恐其或后”。

明代万历三年（1575），徐贞明为工科给事中，上疏请兴西北水利。万历十三年徐贞明著《潞水客谈》论述发展西北水利的十四条好处。此书篇幅不大，却是关于发展西北水利的重要著作。明万历时，徐光启著《农政全书》，提出西北水利和东南水利。徐光启、汪应蛟、左光斗、董应举，或讲究北方水利，或在京东实践。清雍正年间，亲王允祥主持直隶水利，取得一时效果，其助手是文安人陈仪；同时有更多江南籍官员学者提倡发展西北水利。雍正、乾隆、嘉庆、道光年间，著名的讲究西北水利者，南方有潘锡恩、唐鉴、林则徐等，北方则有陈仪、吴邦庆、允祥等。这一时期，出现多种关于发展西北水利的文献。他们说的西北，指今天的华北和西北。他们关于发展西北水利的观点，遭到北方多占官荒土地官员的反对。其背后的原因有很多，有生产、生活习惯的不同，有气候变化的因素，有不同利益集团的斗争。

北方偶然水多时，可以发展水利。18世纪晚期，海河流域，从多水向少水转变，降水较少，发展水利不切实际。乾隆二十七年（1763），工部侍郎范时纪，奏请朝廷，饬直隶州县低洼处，如霸州、文安、固安、宝坻、天津、静海、沧州、青县等处，广种水稻。乾隆说："现在情形，乃北省所偶遇。设遇冬春之交，晴霁日久，便成陆壤。盖物土宜者，南北燥湿，不能不从其性。即如附近昆明湖一带地方，试种稻田，水泉最便，而蓄泄旺减不时，灌溉已难遍给。傥将洼地尽令改作秧田，当雨水过多，即可藉以潴用，而雨泽一歉，又将何以救旱？从前近京议修水利营田，未尝不再三经画，始终未收实济，可见地利不能强同。”乾隆帝认为，近京以干旱为主，暂时水多，不可遍种水稻。这反映了乾隆帝对清代实行西北水利的看法，是根据客观水利和气候情况而变化的。

元明清江南籍官员学者，提倡发展西北水利的思想主张及其实践，对今天的经济建设和生态文明建设，有一定的启示意义，提示我们要关注南北自然条件的不同，注意区域经济发展的不平衡，根据水、土、气候等资源，规划区域人口、经济、环境和可持续发展。同时也要注意，区域不平衡发展带来的思想问题。

元明清时期的“西北水利议”

元明清时期，江南籍官员学者，如虞集、归有光、徐贞明、冯应京、左光斗、汪应蛟、徐光启、顾炎武、蓝理、许承宣、徐越、柴潮生等，关心国计民生问题，他们或著书立说，或亲自实验，或上奏朝廷，主张发展西北水利。他们所说的西北，指黄河流域包括今天河南、山东、河北、天津、北京、山西、陕西、甘肃、宁夏的广大地区。西北水利的范围、发展演变、实际效果、主要内容等，都是我们试图搞清楚的问题。简单说，元明清江南籍官员学者提出发展西北水利，其目的是寻求江南重赋问题的解决方案。万历十三年，在明神宗支持下，徐贞明在京东地区，实施西北水利建设。但由于受到占有大量荒地的北方官员和宦官的反对，西北水利最终没有完成，而只是成为这一时期江南人的一种思想，但是他们的西北水利议，对今天西北地区的发展仍有借鉴意义。

一、从郭守敬、虞集说起

《农政全书·凡例》说“水利莫急于西北，以其久废也；西北莫先于京东，以其事易兴而近于京畿也。”什么是西北、什么是西北水利、什么是西北水利议，这得从郭守敬、虞集说起。

郭守敬，河北邢台人，元世祖时著名的水利专家和天文学家。《元史·郭守敬传》载，他修水利的足迹遍布今天西起甘肃、宁夏，东至河北、山东，北至北京的广大地区。中统三年（1262），他向元世祖“面陈水利六事”，除一项是关于解决燕京漕运问题外，其他五项都与华北平原的引水灌溉有关。至元元年（1264），他在西夏整治河套地区古渠，使经受战乱破坏的古渠恢复灌溉九万顷的能力。在从西夏回到大都的途中，他考察了从中兴州（今银川东南）到东胜（今内蒙古自治区托克托）的漕运通航情况。郭守敬没有提到西北水利这一说法，但其修水利的实践却是在西北地区进行的。

其后，虞集从缓解大都对东南漕粮的依赖出发，提出了发展京东水利的建议。虞集，泰定元年（1324）为国子司业，后升为秘书少监、翰林直学士兼国子祭酒。泰定四年（1327）他与王约，随泰定帝去上都，为其讲解经书。讲课之余，对泰定帝提出发展京东沿海水利的建议。《元史 · 本传》载：泰定帝时，虞集进言：“京师之东濒海数千里，北极辽海，南滨青齐，萑苇之场也。海潮日至，淤为沃壤。用浙人之法，筑堤捍水为田。”在京东沿海地区，招募南方人，教农民开垦土地，筑堤以防潮水涌入。既可逐年增加税收，又使京师之东，聚集民众，增强保卫京师的力量。泰定帝没有采纳他的建议，但是，后来“其后海口万户之设，大略宗之”即采用其说。

郭守敬像

选自樊国梁《燕京开教略》

郭守敬治水的业绩，

虞集京东水利的设想，一直吸引着后人，后人部分地将其付诸实践，并对其设想有所发展。这主要有明朝的徐贞明和徐光启。徐贞明，江西贵溪人，神宗万历三年（1575）为工科给事中。工部掌管全国土木、水利工程等事。他为虞集的建议不能实现而遗憾，“尝考《元史》学士虞集建议，……临文叹惋，恨集言不蚤售于当时”[1]。他派人调查了京东水源：“予所属二三解事者，尽遍历山海之境，跃两月而返，披图出示，如指诸掌也。为言诸州邑，泉从地涌，一决而通，水与田平，一引而至，比比皆然，姑摘其土膏腴而人旷弃，即可修举以兆其端者。”[2]他派出的二三晓事者，历时两个月，遍历京东山海之间，返回京城，展示地图，告诉他各州县水泉情况。他认为京东地理、水泉条件，利于开展水利事业，说：“京东负山控海，负山则泉深而土泽，控海则潮淤而壤沃，利水尤易易也。”[3]山下泉深土泽，海滨潮水淤地，土壤肥沃，易于开发农田水利。他向朝廷进奏《请亟修水利以预储蓄疏》，其后，

---

[1] 徐光启：《农政全书》卷一二《水利》，岳麓书社，2002 年。

[2] 徐光启：《农政全书》卷一二《水利》，岳麓书社，2002 年。

[3] 徐贞明：《潞水客谈》，畿辅河道水利丛书本。

因论事被贬为太平府知事，南下途经潞河，“终以前议可行，乃著《潞水客谈》，以毕其说”[1]。潞河，即白河，今潮白河，为海河水系重要支流之一。是书对京东水利的范围、步骤、组织方法、水利等有具体的设想。《潞水客谈》在当时就引起人们的注意，并在京东几县得到实践：“谭伦见而美之，曰：‘我历塞上久，知其必可行也。’已而顺天巡抚张国彦，副使顾养谦，行之蓟州、永平、丰润、玉田皆有效。”[2]万历十三年（1585），徐贞明还朝后，他的建议，得到当时同僚的赞成，万历帝的支持，并取得初步成效：“贞明乃躬历京东州县，相原隰度土宜，周览水泉分合，条列事宜以上，户部尚书毕锵等力赞之，因采贞明疏议为六事，请郡县有司，以垦田勤惰为殿最，听贞明举劾，……帝悉从之，其年三月，已垦至三万九千余亩。”[3]万历十三年，他返回朝廷，又亲自到京东州县调查水利，提出数条意见，上报朝廷。得到皇帝允许，户部尚书赞成，并将他所讲的六事，下发给郡县，要求以此考核郡县官员

[1] 《明史》卷二二三《徐贞明传》，中华书局1974年点校本。

[2] 《明史》卷二二三《徐贞明传》，中华书局1974年点校本。

[3] 《明史》卷二二三《徐贞明传》，中华书局1974年点校本。

的政绩。当年三月，垦田约四万亩。这里，顺便提一下毕锵。他是南直隶池州府石埭县人。嘉靖三十五年（1556）任浙江提学副使。隆庆元年（1567）任升应天府尹，历官南京吏户部尚书，万历十三年为户部尚书。他对海瑞说："东南民力竭矣"，于是与海瑞一起，"咨询条编法凋瘵之民，始有起色，公力居多"[1]。

虞集的建议、徐贞明的理论和实践，对徐光启有直接的影响。徐光启是上海人，崇祯年间为吏部尚书，文渊阁大学士，内阁次辅。徐光启在天津附近用私人力量实验水田，他在家书中说他"累年在此讲究西北治田"，陈子龙在《农政全书·凡例》说西北水利"始于元虞集，而徐孺东先生《潞水客谈》备矣。玄扈先生尝试于天津三年，大获其利，会有尼之者而止。此已谈之成效"。徐光启主要是试办水利营田，开辟水稻田，引种南方水稻，想取得成绩后在西北推广。徐光启不仅身体力行，而且提出兴修西北水利的理论。他编纂《农政全书》，有水利篇九卷。首卷是《总论》《西北水利》，其《总论》，引用前人和时人的著述，来论述

[1] 《丁文远集》卷一〇《为毕少保议谥述略》，明天启刻本。《明史》卷二二〇、三一八，都有传。

川泽互为利用、农田与沟洫同等重要，开流与封筑二而为一。其“西北水利”引用《元史·郭守敬》、丘濬《大学衍义补》、徐贞明《请亟修水利以预储蓄疏》和《潞水客谈》，并将《潞水客谈》冠以《西北水利议》的名称，略加注解说明，以明西北水利的重要。另外他晚年作《垦田疏》，提出了关于垦田、用水的理论。

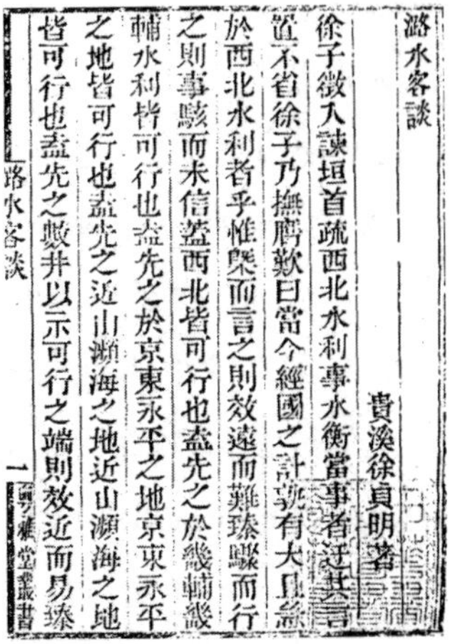
潞水客談
貴溪徐貞明著
徐子徵入諫垣首疏西北水利事水衡當事者迂其言置不省徐子乃撫膺歎曰當今經國之計孰有大且急於西北水利者乎惟槩而言之則效遠而難臻驟而行之則事駭而未信盍西北皆可行也盍先之於畿輔畿輔水利皆可行也盍先之於京東永平之地京東永平之地皆可行也盍先之近山瀕海之地近山瀕海之地皆可行也盍先之數井以示可行之端則效近而易臻
潞水客談 一 粤雅堂叢書

《潞水客谈》粤雅堂刻本

明清之际，刘献廷、顾炎武重视西北水利。刘献廷在《广阳杂记》中称“西北乃二帝三王旧都，二千余年未闻仰给东南，何则？沟洫通而水利修也……西北非无水也，有水而不能用也。不为民力，乃为民害。旱则赤地千里，潦则漂没民居。元虞奎章奋然行之，郭太史毅然修之，未几亦废。……予谓有圣人出，经理天下，必自西北水利始，水利兴而后天下可平，外患可息，而教化可兴矣”。虞奎章，指虞集，因为他曾为奎章阁学士。

郭太史，指郭守敬，因为郭为同知太史院事，他提到西北为古帝王发祥地，希望由西北水利始，以达到天下安定外患解除的目的。顾炎武则从江南到山、陕开荒种地、兴修水利，其西北经营思想，带有为恢复亡明而建立根据地的意味，但他重视水利及借资经营，显然是受到自徐贞明以来重视西北水利思想的影响。这样说不是没有根据的，在他所编纂的《天下郡国利病书》中引用虞集的京东水田议、徐贞明的事迹，即可证明。

清朝统治稳定以后，还有人在讲求西北水利。不过，这已经恢复到虞集、徐贞明、徐光启的思路上来。许承宣作《西北水利议》，提出在西北各省垦田、治河的综合治理措施。雍正三年（1725）朝廷命怡贤亲王允祥总理京畿水利营田，朱轼副之。他提出于“京东滦、蓟、天津，京南文、霸、任丘、新、雄诸州县设营田专营，募农耕种”。之后朝廷设四局管理京畿兴修水利事，[1]三年得田7000余顷，由于继任无人才中止，但朱云锦说，畿辅间有羹鱼饭稻之香，就是这次修水利之遗泽。[2]这次畿辅水利成功给人很大的信心，乾

[1] 《清史稿》卷二二〇《诸王六》，民国（1912—1919）铅印本。

[2] 徐贞明：《潞水客谈》，畿辅河道水利丛书本。

隆八年（1743）天津、河间二府大旱，山西道监察御史柴潮生上疏，建议朝廷效法徐贞明的规划和往年畿辅水利成功的经验，派员往天津、河间二府及直隶各府，“尽兴西北之水田”[1]。他的建议没有被采纳。之后朱云锦受到徐贞明《潞水客谈》和畿辅水利成功的吸引，准备撰写畿辅水利书。咸丰年间伍崇耀在《潞水客谈·跋语》中说“特重刊是书，俾言西北水利者有所考”，给徐贞明的西北水利议很高的评价。

从以上事实看，徐贞明、徐光启、柴潮生等人所言的西北，包括的范围相当广泛，与今天的西北不同。这一点下面还要再细说。西北水利指元明清时西北地区的农田水利，而西北水利议，指自虞集以来，经徐贞明、徐光启、许承宣、柴潮生诸人所阐述的开发西北水利的一些理论设想。

二、京东、畿内和西北

郭守敬只是在宁夏、河北、北京、山东等地主持

[1] 《清史稿》卷三〇六《柴潮生传》，民国（1912—1919）铅印本。

修建了一些水利工程，虞集只提出在京东地区发展水田，他们都没有提出西北水利这一说法。但这却启发了后人如归有光、徐贞明、徐光启、许承宣、柴潮生等人。徐贞明提出了西北水利的问题，徐光启在《农政全书》中全文引用徐贞明的《潞水客谈》，并冠以“西北水利议”，他们所说“西北”，包括西起甘肃、宁夏，中经陕西、山西、河北，东至山东，北到北京的广大地区。许承宣《西北水利议》中的“西北”不独指京东滨海之地和河间、保定、密云、顺义等京畿地区，而更指燕、豫、秦、晋、齐、鲁等地区。雍正年间，怡贤亲王和朱轼整理京畿水利，主要范围在今天河北、天津、北京等地，而柴潮生的“西北”，指河间府、天津府、直隶，即今天北京、河北、天津等地。由此看来，元、明、清时期“西北水利议”所包括的范围，指的是今天甘肃、宁夏、陕西、山西、河南、河北、山东、北京、天津等广大地区。这个范围，和我们今天所说的西北不同，而是与历史上的黄河流域经济区范围大体一致。

持西北水利议论者，认为西北水利的实施步骤，应该是由近及远，即应自京东而畿内，由畿内而西北。徐贞明提出，西北水利所当亟修、畿内之水利所宜修、滨海之水利所宜修的几条理由。他论西北水利所当急修时，说:“神京巩据上游，以御六合，兵食厥惟重务，宜近取诸畿甸而自足……若皆取给东南，不可一日缺者,岂西北古称富强之地,不足以裕食而简兵乎？……，是竭东南民力，而不能保国计于无虞。此西北水利所当亟修者也。”京师居北，统御全国，兵食官禄为重，宜取附近。如果仰给东南，万一有事，兵食官禄不至，其事不可预料；而西北古为富强之地，徒依赖东南赋税，东南人民赋税负担重，国计民生都有问题。

他论畿内之水利所宜修时，说:“陕西、河南，故渠废堰，在在有之。山东诸泉，可引水成田者甚多。今且不暇远论。即如都城之外，与畿辅诸郡邑，或支河所经，或涧泉所出，可皆引之成田，……今顺天、真定、河间等处地方，桑麻之区，半为沮洳之场……今诚于上流疏渠浚沟，引之成田，以杀水势，下流多开支渠，以汇横流，其淀之最下者，留以潴水，淀之稍高者，皆如南人圩岸之制，则水利兴而水患亦除矣。此畿内之水利所宜修也。”[1]陕西、河南多有故渠废偃，

[1] 徐光启:《农政全书》卷一二《水利》，岳麓书社，2002年。

山东诸泉可以引水灌田。畿辅五大河支流，或泉水间出，上流开渠浚沟，引水成田，下流多开支渠，汇集横流，下游诸淀如东淀、西淀等，可以留作蓄水区。淀之高者，可建立圩田。

他论滨海之水利所宜修时，说："今自永平、滦州，以抵沧州庆云之境，地皆萑苇，土实膏腴，（虞）集议断然可行。当全盛之时，河漕岁通，而思患预防，纷然献议，独于（虞）集议尚废焉未讲。若仿其议，招抚南人，筑塘捍水，虽北起辽海，南滨青齐，皆可成田，有不烦转漕于江南而自足者。……此滨海之水利所宜修也。"[1] 京东沿海，从河北永平府（今河北卢龙县）、滦州（今河北栾县），到沧州（今河北沧州）、庆云（今山东德州庆云县）这一广大区域，都是芦苇荡，但土壤肥沃。虞集之建议切实可行。当国家全盛时，运河漕粮按时而至京师，应当及时作出预案。许多官员都建言献策，但是唯独不提虞集发展滨海水利的建议。如果按照其建议，招抚南方人，筑水塘，捍御海水，北从辽宁海滨起，南到山东，都可建设成田。

[1] 徐光启：《农政全书》卷一二《水利》引《请亟修水利以预储蓄疏》，岳麓书社，2002年。

在《潞水客谈》中，徐贞明进一步解释为什么必须先在京东修水利：“京东辅郡，而蓟又重镇，固股肱神京，缓急所必须者……姑摘其土膏腴而人旷弃，即可修举以兆其端者，盖先之京东数处以兆其端，而京东之地皆可渐而行也。先之京东以兆其端，而畿内，而列郡，……辽海以东青徐以南，皆可渐而行也。……特端之于京东数处，因而推之西北，一岁开其始，十年究其成，而万世席其利也。”兴修京东水利，作为样板示范，然后推广到畿辅，最后推广到整个西北。

陈子龙在《农政全书·凡例》中说：“水利者，农之本也。无水则无田矣。水利莫急于西北，以其久废也；西北莫先于京东，以其议始于元虞集，而徐孺东先生《潞水客谈》备矣。玄扈先生尝试于天津三年，大获其利，会有尼之者而止。此已谈之成效。谋国者，其举而措之。……宇内之可兴水利者多矣，何独于京东？曰：曷能尽哉！此可类推也。因时势，察土宜，弗弃利，弗凿空，是在良有司耳！”徐孺东，即徐贞明。玄扈先生，即徐光启。这和徐贞明的说法大同小异，徐贞明的由京东而畿内、由畿内而西北，是“端之于京东数处，因而推之西北”，而徐光启的“水利先于京东”既是因其议始于虞集，也是因为京畿既修，可以“类推”，即向畿辅、向西北推广。柴潮生建议开发西北水利，说“请先以直隶为端，行之有效，次第举行”。

由此看来，徐贞明、徐光启所说的西北水利，是先在京东滨海之地进行试验，然后在京东地区进行杀水泄涝，兴水利去水害，最后向西北地区包括陕西、河南、山东地区推广。就是他后来所说的“特端之于京东数处，因而推之于西北，一岁开其始，十年究其成”[1]。其目的是解决京师的粮食供应问题，缓解京师对东南的粮食需求。他们所进行的水田试验，也有这个目的。

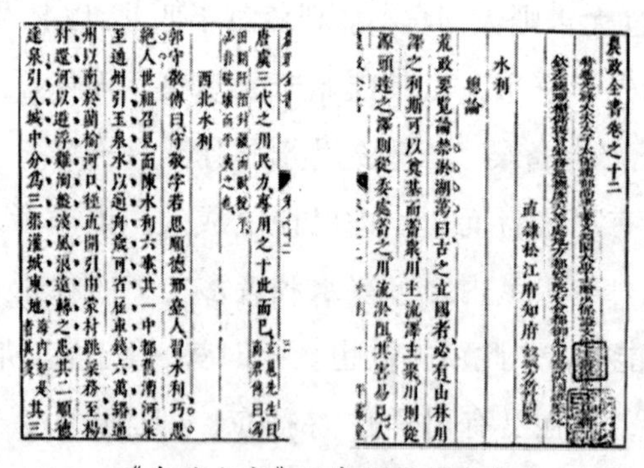
農政全書卷之十二
直隸松江府知府
水利
總論
農政要覽論禁淤湖蕩曰古之立國者必有山林川
澤之利斯可以奠基而蓄聚川主流澤主聚川則從
源頭達之澤則從委處畜之川流淤阻其害易見人

唐虞三代之用民力專用之于此而已
西北水利
郭守敬傳曰守敬字若思順德邢臺人習水利巧思
絕人世祖召見面陳水利六事其一中都舊漕河東
至通州引玉泉水以通舟歲可省僦車錢六萬緡通
州以南於藺榆河口徑直開引由蒙村跳梁務至楊
村還河以避浮雞淀盤淺風浪遠轉之患其二順德
達泉引入城中分為三渠灌城東地

《农政全书》明崇祯平露堂本

[1] 徐光启:《农政全书》卷一二《水利》，岳麓书社，2002年。

三、民垦、军垦、官办及其他

对西北水利的用工用金，虞集、徐贞明、徐光启、柴潮生等人有不同的方案，而在实际操作中也有不同的方法。大约有民垦、军垦、官办三类。

民垦。这里又分为不同的情况。第一种是用富民垦种，并依垦种土地亩数授以世袭官爵。最早由虞集提出，而又为徐光启所发展。虞集的方法是“听富民欲得官者，合其众分授以地，官定其畔以为限。能以万夫耕者授以万夫之田，为万夫之长，千夫、百夫亦如之。……三年后视其成，以地之高下定额，以次渐征之。五年有积畜，命以官，就所储给以禄。十年，佩之符印，得以传子孙，如军官之法”[1]。招募富民为官，分给他土地，划定土地范围，让富民招募人民开发水利。根据招募农民多少，授予万夫长、千夫长、百夫长。三年后开始征税，五年给富人授予官职和俸禄，十年给他印章等，并且官职、俸禄、印章等，都可以传于

[1] 《元史》卷一八一《虞集传》，中华书局1976年点校本。

子孙。

徐贞明称赞虞集此法为“良法”，而徐光启认为“第一宜戒此”，“更须议”。徐光启说：“祖述其说，稍觉未安者，别加裁酌，期于通行无滞。”[1]对虞集关于招徕人员、安置垦田者的办法，徐光启认为是不可易之策，“招徕之法，计非如虞集所言不可”[2]，但他发展了给垦田者以世袭官职的办法，“臣所拟者，不管事，不升转，空名而已。田在爵在，去其田去其爵矣。即世袭又空名也。名为之给禄，禄其所自垦者，犹食力也。事例之官为天下之最大害者，为其理民、治事、管财耳。……但恐空衔无实，人未乐趋，故必以空衔为根着，而又使得入籍登进以示劝……另立屯额，科举乡试不与士人相参也”[3]。即招徕富人，设立屯田官职，鼓励开发西北水利，但只是授予虚衔，代替实授，不让理民、治事、管财；田在爵在，去田则去其爵。在科举考试中，单独设立屯额，允许其子弟以优待条件参加科举考试，允许其世守屯业。徐光启大概是看到世袭官、捐官的

[1] 徐光启：《农政全书》卷九《农事》，岳麓书社，2002年。

[2] 徐光启：《农政全书》卷九《农事》，岳麓书社，2002年。

[3] 徐光启：《农政全书》卷九《农事》，岳麓书社，2002年。

危害，而考虑到用科举吸引富户垦种，单独设立屯额，允许其子弟单独参加科举，不与普通士人同时参加科举，混在一起。

第二种如徐贞明所说，是“优复业之人，立力田之科，开赎罪之条”[1]。所谓优复业之人，指招徕流民、恢复农业生产；所谓立力田之科，是要仿照汉朝的做法，依垦田、纳税数额，授予一定的散职，或任为胥吏，或在吏部等待铨选；所谓开赎罪之条，就是允许犯罪而有资财者，捐资垦田，垦田之费与赎罪之费相等。重罪者，可就近垦田赎罪，而不必远配。[2] 估计这是后来官员犯罪，往往发往河工效力之先声。这是把废员当作一种力量，利用起来。清朝官员被贬职、罢免后，允许其在河工效力，在黄河河工、永定河河工、新疆屯田，都有这样的废员，发挥其兴修水利工程的作用。

第三种，用灾民垦田，或者叫作以役代赈。柴潮生说：“徒费之于赈恤，不如大发帑金，遴选大臣经理畿辅水利，俾以济饥民、消旱潦，且转贫乏之区为富

[1] 徐光启:《农政全书》卷一二《水利》，岳麓书社，2002 年。

[2] 徐贞明:《潞水客谈》，畿辅河道水利丛书本。

饶。”[1] 具体办法是“将现在受赈饥民，及外来流民，停其赈给，按地分段，就地给值，酌予口粮，宁厚无减。一人在役，停其家赈粮二口；二人在役，停其家赈粮四口。其余口及一户，皆不能执役者，仍如例给赈。其疏浚之处，有可耕种，即借予工本，分年征还”[2]。这是变消极的救灾为积极的修水利致富。

军垦。徐贞明说：“若不费公帑，不烦募民，而田功自举者，予又得而熟筹焉。边地屯田以饷军也，其道有三：倡力耕之机，定赏功之典，广世职之法而已。”[3] 这就是鼓励边将带领士卒屯垦。他认为战时和平时，军功各有不同，“敌刃既接，军功为先。边烽稍宁，屯政急矣。倘屯政举而边地垦，食足兵强，虏来而应之有胜算，又何军功之足羡乎？若徒赏军功，则忽内修而启外衅，非国家之福也……即兵兴之时，转饷勤劳，亦得与对垒者论功”[4]。如果由军人举办边境水利，足食足兵，兵强马壮，对敌人有胜算，又何必羡慕军

[1] 《清史稿》卷三〇六《柴潮生传》，民国（1912—1919）铅印本。

[2] 《清史稿》卷三〇六《柴潮生传》，民国（1912—1919）铅印本。

[3] 徐贞明：《潞水客谈》，畿辅河道水利丛书本。

[4] 徐贞明：《潞水客谈》，畿辅河道水利丛书本。

功？如果只奖励军功，忽视屯政，那就易于促使边境将领挑起事端，以邀功邀赏，对国家不利。即使运输粮饷，也应与直接作战者一样获得军功。所以他主张军垦。

嘉靖中，倭寇频频为乱东南，朝廷加强了边防：“开府设镇，署将增兵。”隆庆初，倭患渐息，但边兵不减，“欲留兵，不免于病民；欲恤民，无以给兵”。倭寇之乱后，留边兵，就要承担供应其军粮的重担。如果体恤民众承担赋税及运输之辛苦，就无法供养士兵。所以，国家处于两难之地。徐贞明提出，用军垦田，不是偶然的，而是考虑到这一情况的。军费一直是困扰明朝国家财政的主要问题，徐贞明用军垦田的建议，如能真正实行，也许会为国家解决这一问题。[1]他的考虑，可谓周详。

官办。许承宣《西北水利议》建议在西北各省设农田官，以其所捐纳之数，募耕夫、买牛储种、补偿修水道占用农民田地，五年复租，十年以赋额考核农田官。这实际上是由私人入财为官，以其资财为修水

[1] 徐贞明：《潞水客谈》，畿辅河道水利丛书本。

利之费用。雍正年间，兴办畿辅水利，设四局以领其事，“以南运河与臧家桥以下之子牙河、苑家口以东之淀河为一局，令天津道领之；苑家口以西各池及畿南诸河为一局，大名道改清河道领之；永定河为一局，以永定分司改道领之；北运河为一局，撤分司以通永道领之：分隶专官管辖”。不久又设京东、京西水利营田使各一名。[1] 徐贞明鉴于国家水利官职之弊病，认为没有必要在现任官职外，另外设官兴办水利，而是以大名道、清河道、永定河分司、通永道主持水利四局，不增添新机构，也便于领导。“暂出官帑，募愿就之民。……若概以水利役民，使贫民苦于追呼，妨其生业，而富家反擅其利。”[2] 兴修水利田，不增加农民力役，而是招募自愿者，以防止富家替代农民包揽，专占国家投资。

这里所说的民垦、军垦和官办，只是相对的，而不是绝对的。事实上，民垦、军垦，也只有在朝廷组织下才能进行；而所谓官办，官员只是组织者，具体工役还是要靠农民。在实际中，取得成效的水利事业，

[1] 《清史稿》卷三〇六《柴潮生传》，民国（1912—1919）铅印本。

[2] 徐贞明：《潞水客谈》，畿辅河道水利丛书本。

或是在朝廷正式命令下进行，或是在官员自身组织下进行，完全靠个人的努力是不行的。

四、利水之法与用水之法

关于西北水利的用水问题，徐贞明对水有一种看法：“水在天壤间，本以利人，非以害之也。惟不利，斯为害矣。人实贻之，而咎水可乎？盖聚之则害，而散之则利。弃之则害，而用之则利。若血之在人身，流贯于肢节，润泽其肌肤。一有壅注则上而为痈，下而为痔，又或溢出于口鼻，而因以戕其躯。”[1] 水是一种物质，没有善恶属性。但是，水，有气态、液态和固态，水可以流动。从聚散弃用观点出发，他认为“利水之法，高则开渠，卑则筑围，急则激取，缓则疏引。其最下者，遂以为受水之区，因其势不可强也。然其致力，当先于水之源。源远则流微而易御，田渐成而水渐杀。水无泛滥之虞，田无冲击之患”[2]。用水之法，有开渠、蓄积池塘水库，有疏引，使地势最低处为蓄

[1] 徐光启：《农政全书》卷一二《水利》，岳麓书社，2002 年。

[2] 徐光启：《农政全书》卷一二《水利》，岳麓书社，2002 年。

水区。这个方法，以疏导泄水为主，近于汉代贾让治河三策中的中策，不过贾让只注意黄河，而徐贞明则扩大到整个西北地区。这是徐贞明利水之法的第一个特点。之后雍正时允祥修畿辅水利，也是先泄水，允祥提出疏通直隶卫河、淀河、子牙河、永定河下游支流，以泄水势。徐贞明利水之法的第二个特点是注重水田，将有水泉的地方用作水田。

徐光启赞赏徐贞明治水的试验，但有自己的"独见"。他不同意徐贞明只重视解决水田的泄水杀涝而不重视旱田的见解，说："北方之可为水田者少，可为旱田者多。公只言水田耳，而不言旱田。不知北人之未解种旱田也。"[1]《垦田疏稿》中对垦田的规格，有明确论述："凡垦田必须水田种稻，方准作数。若以旱田作数者，必须贴近泉溪河沽淀泊，朝夕常流不竭之水，或从流水开入腹里，沟渠通达。……仍备有水车器具，可以车水救旱；筑有四围堤岸，可以捍水救潦"。即必须以开水田为主，旱田须开渠、凿井、引水和备有车水器具，以防旱涝。

[1] 徐光启：《农政全书》卷一二《水利》，岳麓书社，2002年。

最重要的发展，是他对用水利和去水害问题有接近科学的看法。《垦田疏稿·用水第二》认为粮食、布帛是财富，缗钱和银，“皆财之权也，非财也”。

> 所谓财者，食人之粟，衣人之帛。……前代数世之后，每患财乏者，非乏银钱也；承平久，生聚多，人多而又不能多生谷也。
>
> 其不能多生谷者，土力不尽也；土力不尽者，水利不修也。能用水，不独救旱，亦可弭旱。灌溉有法，滋润无方，此救旱也。均水田间，水土相持，兴云露，致雨甚易，此弭旱也。能用水，不独救潦，亦可弭潦也。疏理节宣，可畜可泄，此救潦也；地气发越，不致郁积，既有时雨，必有时阳，此为弭潦也。
>
> 不独此也，三夏之月，正农田用水之候，若遍地耕垦，沟洫纵横，播水于中，资其灌溉，必减大川之水。先臣周用曰：“使天下人人治田，则人人治河也，是可损决溢之患也。”故用水一利，能违数害。调燮阴阳，此其大者。不然神禹……何以遽曰‘水火木金土谷惟修，正德、厚生、利

> 用惟和’，一举而万事毕乎！用水之术，不越五法。尽此五法，加以智者神而明之，变而通之，田之不得水者寡矣，水之不为田用者亦寡矣。用水而生谷多，谷多以银钱为之权。当今之世，银方日增而不减，钱可日出而不穷。

纸币不是财富，土地山林矿产以及土地所产的粮食，人力加工的布帛等才是财富。司马迁说：各地物产，“皆中国人民所喜好，谣俗被服饮食奉生送死之具也。故待农而食之，虞而出之，工而成之，商而通之。……《周书》曰：‘农不出则乏其食，工不出则乏其事，商不出则三宝绝，虞不出则财匮少。’财匮少而山泽不辟矣。此四者，民所衣食之原也。原大则饶，原小则鲜。上则富国，下则富家”[1]。土地生产的粮食和布帛等，是人民衣食之源。土地是财富之本，有土乃有财。古代国家后期往往陷入贫困，不是缺钱币，而是人口增加，粮食短缺，出现饥荒，人民生活无着，发生社会动乱。粮食生产不足的原因之

[1] 《史记》卷一三〇《货殖列传》。

一，是没有开发土地。土地开发不足，是因为没有水利灌溉。因此发展农田水利最为迫切。水有液态、固态、气态三种形式，水能循环。用水灌溉，可以浇灌庄稼，水汽蒸腾再降雨，回到河渠湖泊海洋，再蒸腾再降雨，就是水的小循环，就调剂了大气。而用河水灌溉，还能防止河川决口溢流。

这里包含着深刻的科学思想和谋国热情。徐光启把修水利当作解决人口增加问题、创造财富的先决条件。把浇灌土地、防止河流决口满溢、水的循环等都结合起来，综合系统地利用水利，发展农业，影响气候。他所说的用水五法，指灌溉、均水、疏通排水、蓄泄、沟洫五种。而这五种，又涉及利用河流不同位置的水，即用水之源、用水之流、用水之潴、用水之委、作原作潴以用水。这是简明扼要的系统性的用水理论。他扩大了用水的范围，不仅用水源，也用流、潴、委，并提出凿井挖渠，充分考虑到北方旱地的实际情况。

其他持西北水利议者，对用水也有些研究，但未能超过徐贞明、徐光启。许承宣说：“水之流盛于东南，而其源皆在西北。用其流者利害常兼，用其源者有利而无害。其或有害,则不善用之之过也。”[1]在用水源上,他和徐光启是一致的。柴潮生提出的水利论,主张疏浚河渠淀泊,并在河渠淀泊旁,各开小河、大沟,建立水门,以利灌溉泄水。在离水较远的田地,凿井掘塘,以供灌溉。他建议“第为之兴水利耳,固不必强之为水田也”[2]。以疏导泄水为主、以兴水利为主,这都与徐贞明的理论是一致的。朱云锦认为“大约经流可用者少,故滏阳、桑干,用于上流而不用于下流,支流则为闸坝用之,淀泊则为围圩用之,水泉则载之高地分酾用之,沿海则筑堰建闸蓄清御碱用之”[3]。畿辅五大河,滏阳河、桑干河,用其上流,支流可用闸坝,淀泊可以圩田,水泉可用高槽引水,沿海可筑堰建闸,蓄清御碱。所说方法,更简练,但基本没有超出徐光启的用水理论范围。

[1] 徐承轩:《西北水利议》,中华书局丛书集成初编本。

[2] 《清史稿》卷三〇六《柴潮生传》,民国(1912—1919)铅印本。

[3] 徐贞明:《潞水客谈》,畿辅河道水利丛书本。

五、西北水利与实际成绩

西北水利议者认为，西北水利有多种好处。首先，虞集提出开发京东水利的主要目的，是就近解决北京的粮食供应，缓解京师对东南的粮食需求带来的压力。虞集认为，“京师恃东南运粮为实，竭民力以航不测，非所以宽远人而因地利也”[1]。京师粮食依赖东南海运，海运风险太大，东南赋税重，人民负担重，北方应该发挥其地利。京东水利既修，可“远宽东南海运，以纾疲民”[2]。减轻京师对东南的粮食压力，让东南人民稍得休养生息。

徐贞明向朝廷进奏《请亟修水利以预储蓄疏》，主要是为解决京畿的粮食供应，他说国家依靠东南漕粮，“常以数石转一石，东南之力竭矣。而河流多变，运道时梗。忠于谋国者，镜胜国之往事，以虑变于将来，

[1] 《元史》卷一八一《虞集传》，中华书局 1976 年点校本。
《东山存稿》卷六《邵庵先生虞公行状》，清文渊阁四库全书补配清文津阁四库全书本。

[2] 《元史》卷一八一《虞集传》，中华书局 1976 年点校本。

窃有隐忧焉”[1]。从东南运粮到京师，不论是海运，还是漕运，费用非常高；而黄河和运河冲突，黄河决溢，往往造成运道梗塞。元末就是因为运道梗塞，京师没有粮食，皇朝统治不稳。谋划国计民生者，应当借鉴前朝的得失，及早谋划。这表现了他对国事的深谋远虑和对历史的借鉴思想。在他后来所作的《潞水客谈》中，他提出西北水利有 14 项，其中有几项是说，通都大邑，人口众多，习俗奢靡，民不可多得尺寸之地，人地不相适；西北水利能解决京师及西北的粮食供应问题，缓解对东南的压力。西北之地，旱则赤地千里，潦则洪流万顷，寄命于天，靠天吃饭，兴修西北水利则农田旱涝有备；国家财赋取给东南，如果发展起西北水利，则田畴之间，皆有仓庾之积；西北有一石之入，则东南省数石之输，所入渐富，则所省渐多，从而恢复东南民力。

徐光启在《漕河议》中说："漕能使国贫，漕能使水费，漕能使河坏。"意即漕运东南粮食以供京师，民费数石而仅得一石，使东南人民贫困；把北方诸水注

[1] 《明史》卷二二三《徐贞明传》，中华书局 1974 年点校本。

入运河以保障漕运，又消耗了北方灌溉用水；而且黄河穿越运河，治理不善，容易发生水患。从运输成本，或经济成本上看，漕运非常不合算。同时又耗费水资源，这些水资源，本来可以用来发展农业生产。如山东运河的水源，来自山东诸泉，可以灌溉农田，但是为了保证运河用水，都被调入运河。同时黄河穿越运河，对运河造成冲决，容易发生运河梗塞。因此，他认为应发展北方的农田水利，就近满足京师皇室、官员和军队的粮食需要。“此功成，而长河以北，足用供给，即近纳赋总而远贡轻微也可”，京师附近就可以供应京师粮食需求，远方少交贡品，减少京师粮食供应对东南漕粮的依赖。

其次，发展西北水利，能提高京师及西北的守御能力和经济供给力。虞集说：“东南民兵数万，可以近卫京师，外逐岛夷。”既可保卫京师，又可抵御倭寇。徐贞明甚至认为，沟渠可以避敌，“今西北之地，平原千里，寇骑得以长驱。若使沟渠尽举，则田野之间，皆金汤之险。而田间植以榆柳枣栗，既资民用，又可以设伏而避敌”。西北地势平衍，便于蒙古骑兵长驱直入。如果田间沟渠纵横，田野之间就是金汤之险。

北宋何承矩，在河北沿边塘泊，进行水田生产，其意图在于用塘泊抵御金朝骑兵。徐贞明此说，也许来源于此。同时，田间种植榆柳枣栗，果实可以备荒救荒，树木可有多种用途，如田间树木，可成为伏兵的隐蔽之处。

徐贞明又说，在海滨开辟耕地，数年之后，“海上为乐土，滨海有通道，即内地有梗，南北不至悬隔”，起到卫所的作用。[1]既能发展京东水利，京师由附近地区供应粮食，又能接应南方来的运粮船只，假如内地运道受到内乱影响，京师与东南不至于隔绝。柴潮生则认为，畿辅水利可以使朝廷居重御轻，“近畿多八旗庄地，直隶亦京兆股肱，皆宜致之富饶，始可居重御轻……若水利既兴，自然军民两利，是谓无形之帑藏”[2]。京师发展农田水利，可以充实京师粮食供应，使八旗旗庄都能致富，不必依赖南方，使军民两利，有利于京师的粮食供应及经济安全。

再次，是吸引游民。虞集说京东水利既修，将使“江

---

[1] 徐贞明：《潞水客谈》，畿辅河道水利丛书本。

[2] 《清史稿》卷三〇六《柴潮生传》，民国（1912—1919）铅印本。

海游食盗贼之类，皆有所归”[1]。徐贞明认为往年直隶刘六、刘七起义，是因为游民太多，民不聊生，只有农业才可使游民安居乡里，“今西北之境，土旷而民游，识者常惴惴焉。诚使水利兴而旷土可垦，而游民有所归”[2]。发展京东水利，吸引流民生产，就可使对社会有潜在威胁的流民游民，转变为稳定的因素。

最后，有利于解决东南与西北两个经济区的矛盾。元明清时期的南北矛盾，主要表现为东南地区经济负担过重，人口对土地、粮食的压力很大，而西北生产萎缩、土地荒芜。徐贞明回顾了自南宋以来，东南地区人口对土地的压力，“自宋室方南之时，东南尚有旷弃之田。及其季年，人多而田少，豪右擅陂湖以自殖，地利尽而民不聊生者，聚故也。东南地利尽而西北旷废，厥有由哉。今国家当全盛之时，兵戈不试者二百余年。西北生齿日渐繁夥，而东南之民争附于辇毂之下”[3]。南宋初南方尚有旷土，宋末人多田少，豪

[1] 《元史》卷一八一《虞集传》，中华书局1976年点校本。

[2] 陈子龙编:《明经世文编》卷三九八《西北水利议》，中华书局，1962年。

[3] 陈子龙编:《明经世文编》卷三九八《西北水利议》，中华书局，1962年。

强占有陂塘，土地完全被开发出来，土地集中程度严重，普通农民无以为生。而西北地区地广人稀，由于承平日久，人口越来越多，又有东南人民争相来到京师，东南和西北两个地区发展不平衡。如何解决这个问题，是统治者面临的难题，而发展西北水利，正可以解决区域经济和社会发展不平衡问题。

徐贞明又说："东南之境生齿日繁，地苦不胜其民，而民皆不安其土。乃西北蓬蒿之野，常疾耕而不能遍。苏子谓'聚则争于不足之中，散则弃于有余之外'，其不均固如此也。今若招抚南人，修水利，以耕西北之田，则民均而田亦均矣。其利七也。东南多漏役之民，而西北罹重徭之苦，则以南之赋繁而役减，北之赋省而徭重也，使田垦而民聚，民聚则财增，而北徭可轻。其利八也。"[1]东南与西北两个区域经济发展不平衡，如果招抚南人到北方来，兴修水利，耕西北之田，可以使人口均匀分布，人民都有土地，增加财富，减轻北方人的劳役负担。徐贞明认识到，东南人民赋税重，劳役少；北方各省赋税少，但劳役负担重。如

[1] 徐贞明:《潞水客谈》，畿辅河道水利丛书本。

果北方开发水利，提高亩产，则人口聚集，财富增加，北方人民也可减轻劳役负担。沿边诸境，不易运输粮食者，可以招商代输。柴潮生说：“今生齿日繁，民食渐绌。愚以为，尽兴西北之水田，辟东南之荒地，则米价自然平减。”[1] 徐贞明和柴潮生，都看到南北区域的矛盾，主要体现为人口对土地的压力，这是相当准确而超前的。

徐贞明、徐光启等人理想中的西北水利，既如上述，那么其实际效果如何？徐贞明的京东开发水利田，当年就垦田 3.9 万余亩。徐光启在天津三年的试验也大获其利，雍正时在畿内修水利，三年得田 7000 余顷，畿内有鱼稻之香。但西北水利事业，除郭守敬在宁夏有建树外，始终不出北京、河北、天津的范围，表明西北水利没有完全获得成功。原因是多方面的。可以肯定的是，兴修农田水利，势必触犯占有大量官府荒地的宦官勋戚的既得利益，如正当徐贞明准备大兴水利时，就被中伤而革职停办：“而又遍历诸河，穷源竟委，将大行疏浚，而奄人勋戚占田为业者，恐水

[1] 《清史稿》卷三〇六《柴潮生传》，民国（1912—1919）铅印本。

田兴而已失其利也，争言不便，为蜚语闻于帝，帝惑之，……帝卒罢之，而欲追罪建议者，用阁臣言而止。”[1]北方宦官、贵族占有大量荒地，恐怕兴修水利，失去既得利益。于是争相申诉发展水田不利。万历皇帝动摇起来，想追罪建议者，因为有内阁大臣的劝解才没有追究。

当时反对者，主要是怕水田修成后，会依亩纳税：“北人官京师者，倡言水田既成，则必仿江南起税，是嫁祸也，乃从中挠之，御史王之栋疏请罢役。而中官在上左右者多北人，争言水田不便，上意已动。”[2]反对的力量，一是来自北人在京师做官的，他们反对修西北水利，说水田一修，则必定仿照江南起税，这是南方人嫁祸于北方人，于是从中阻挠，御史王之栋就上疏请求停下修水利事业。二是皇帝身边的宦官，都是北方人，争相说水田不利。这两种势力，都从中阻挠修西北水利。结果，万历皇帝动摇了。徐贞明兴修水利，终因触犯官僚贵族的利益，被迫停止；徐光

[1] 《明史》卷二二三《徐贞明传》，中华书局 1974 年点校本。

[2] 英廉等编:《钦定日下旧闻考》卷五引《赐闲堂杂记》，清乾隆武英殿刻本，1788 年。

启的试验也受到阻扰而作罢。这正如徐贞明所说，“水利修废，由于人之聚散，而旋转之机，上实握之”[1]。水利的成功与否，取决于最高统治者的支持与否，徐贞明发展京东水利的经历，就是最好的说明。

雍正初畿辅水利的成功，是因为雍正皇帝支持，由亲王允祥主持。允祥一死，就人去政亡了。之后乾隆年间柴潮生建议，仿效徐贞明的设想，借鉴雍正时畿辅水利成功的经验，在直隶、河间、天津各府兴修农田水利，并说“营田四局，成绩具有。当日效力差员，不无举行未善，所以贤王一没，遂过而废之，非深识长算者之所出也。”[2]但在统治者中，具有深谋远虑者又有几何？眼前利益、局部利益、既得利益，总是与长远利益、整体利益和未来利益相冲突。而真正具有深谋远虑者如徐贞明、徐光启又能在多大程度上发挥作用，则很成问题。尽管徐贞明怀有崇高理想，当他被贬官时就说：“即予去，二三同志多是予言，倘有再

[1] 陈子龙编:《明经世文编》卷三九八《西北水利议》，中华书局，1962年。

[2] 《清史稿》卷三〇六《柴潮生传》，民国（1912—1919）铅印本。

疏以请者，西北水利庶其兴哉！”[1] 但最后他被迫退出朝廷，终老故乡。因此从较长的历史过程来看，西北水利议，在元明清时代只是一种理想。这里把话题说远点，20 世纪 30 年代，由于日本入侵东北，许多有心恢复国家的人,又注意西北,“到西北去”“开发西北”的呼声很高，禹贡学会就组织了西北考察团，到西北调查水利，并且出版《禹贡·西北研究专号》《禹贡·河套水利专号》，以期促成对西北的开发。这表明在民族危机加深时，西北仍是人们关注的主要地区，西北水利仍然是人们关注的重要内容。

元明清时代在北方修水利者，或持有西北水利议者，有理论上的继承关系。徐贞明之于虞集，徐光启之于郭守敬、虞集和徐贞明，柴潮生之于徐贞明等，都有思想上的继承或发展关系。徐贞明就很佩服虞集的设想，并对其思想主张未被采纳深表遗憾；徐光启对郭守敬、虞集、徐贞明的实践和思想，既有继承又有发展。如他在晚年所著《垦田疏》中说：“京东水田之议，始于元之虞集，万历间尚宝卿徐贞明踵成之。

[1] 徐贞明:《潞水客谈》，畿辅河道水利丛书本。

今良涿水田，犹其遗泽也。臣广其说，为各省直概行垦荒之议；又通其说，为旱田用水之议。”柴潮生则肯定雍正时畿辅营田四局的政绩，探讨了徐贞明修水利失败的原因，而像朱云锦、伍崇耀对徐贞明都抱着敬意，如伍崇耀说:“贞明未尝败也，特挠于浮议耳。……虞学士始毅然言之，郭太史始毅然行之。”[1]伍崇耀之说，似颠倒了时间顺序。郭守敬于元世祖时就在中书省进行水利实践，虞集是在元泰定帝时提出发展西北水利的主张，而徐贞明是在万历时提倡发展西北水利。总之，在西北水利问题上，他们对前人的思想有继承发展关系，或至少怀有敬意。

[1] 徐贞明:《潞水客谈·跋语》，畿辅河道水利丛书本。

虞集与元明清西北水利议

虞集（1272—1348），字伯生，临川崇仁人（今江西临川）。大德元年（1297）北上大都。大德六年（1302）任大都路学儒学教授。仁宗皇庆初（1312）任太常博士，集贤院编修。延祐六年（1319）任翰林兼国史院编修、奎章阁学士院学士之职。泰定元年（1324）任国子监司业，后为秘书少监。虞集历仕成宗至文宗六朝，以文章享誉当世，被称为“当代之巨擘”，“是以一时朝廷制作，以及公卿大夫碑文行状，多出其手”[1]。但是，虞集对元明清历史最主要的影响，不是他的诗文，而是他开创的西北水利议。这一点，无论是他自己，还是同时代其他人，都没有料到。作为南方人，他关注

[1] 欧阳玄：《道园学古录序》，商务印书馆，四部丛刊本。

虞集像

选自顾沅辑《古圣贤像传略》

的是西北水利；作为诗文大家，其主要影响，却是他的西北水利思想。其劝农桑、兴水利的主张，虽不为元朝当政者重视，但却影响了后来一些江南籍官员学者，他们继续提倡发展西北水利。

自至元十九年（1282），元世祖用伯颜之议，实行海运后，大都的皇家、百官、军队，得到充足的粮食供应。每年海运南粮，“盖至于京师者，一岁多至三百万余石，民无挽输之劳，国有储蓄之富，岂非一代之良法与”[1]？但是，海运却使江南三省民力衰竭，“水旱相仍，公私俱困，疲三省民力，以充岁运之数，而押运、监临之官，与夫司出纳之吏，恣为贪黩……兼以风涛不测，盗贼出没剽劫覆亡之患，自仍改至元

[1] 《元史》卷九三《食货志一》，中华书局1976年点校本。

之后，有不可胜言者矣”[1]。他指出海运的种种弊端：江南民力衰竭，押运官、监临官、出纳官，贪污或勒索；海运有漂没覆船之险，从元初到元顺帝时，都没有改变。京师依赖江南的粮食政策，一旦遇到自然灾害或战事，就不能保障大都的粮食安全，是一种下策。这当然都是后话。

事实上，虞集早就对海运使江南赋重、民贫，表示忧虑：“海运之实京师，祖宗万世之长策也。然而东南之民力竭矣。频岁浙西水旱，廪不充数，江淮上流三省数十郡州县之吏、升斗之民，终岁勤动，越江历湖，以助其不足而争斗勿戢，又有深可虑者。则有大夫君子之所不能忘其忧也。”[2] 海运东南赋米到京师，满足京师需要。但是，浙西水旱，江淮上游三省数十郡吏民终岁辛苦，又经海上风涛之险，既可怜，又值得同情。他对海运的合理性提出了质疑，对东南人民深表同情。

虞集提倡发展京东水利是因为他发现北方土地利用程度不高。大德元年（1297），虞集初至师，之后又

[1] 《元史》卷九七《食货志五》，中华书局 1976 年点校本。

[2] 虞集：《道园学古录》卷四一《平江路总管府达鲁花赤兼管内劝农事黄头公墓碑》，商务印书馆，四部丛刊本。

数次往来于大都和江南之间，沿途所见，南北农业景观迥然不同。他发现，江淮间没有充分发挥人力和地利的作用，他说："予北游，过江淮之间，广斥何啻千里，海滨鱼盐之利，足备国用。污泽之潴，衍隰之接，采拾渔弋，足以为食。岁有涨淤之积，无待于粪。盖沃地而民力地利殊未尽。汉以来屯田之，虽稍葺以赡军事，其在民间者，卤莽甚矣。麦苗之地，一锄而种之，明年晴雨如期，则狼戾可以及众。不捍水势，则束手待毙，散去而已。其弊在于无沟洫以时蓄泄，无堤防以卫冲冒。耕之不深，耨之不易，是以北不如齐鲁桑蚕之饶，南不及吴楚杭稻之富，非地之罪也。谁之为地而致其治之之功？"[1]江淮之间有许多地方，未充分利用来发展农业，而海滨鱼盐之利，足供国家所需经费。河水泛滥，海水涨落淤积，土壤富有肥力。汉代以来，如曹魏曾在江淮屯田，满足军需。而民间却没有充分利用地利。江淮之间，尤其适宜种麦，自然条件较为完备，但缺少沟洫来排泄洪水，又无堤坝蓄水。而且此地种植技术粗放不精，北不及齐鲁桑蚕之富饶，

[1] 虞集:《道园学古录》卷三九《新喻萧淮仲刘字说》，商务印书馆，四部丛刊本。

南不及吴楚粳稻之富裕，这当然不是土地地利不行，而是政府没有发挥其组织生产的职能。总之，江淮之间自然条件与资源，足备“国用”与“民食”，但无论是政府，还是民间，都未发挥人力和地利，不修水利，使资源优势没有发挥出来，而造成这一切的根本原因是地方政府不作为，以及民间不勤于耕作。

泰定元年（1324），元朝廷恢复经筵制度，虞集受命讲授经筵，为汉文进读。元朝除大都外，还有上都。上都在今滦河上游一带。元代诸帝，每年四月或三月从大都北上，八月或九月，自上都南还大都城。皇帝北巡，除后妃、怯薛外，中书省、枢密院、御史台及其他中央官署的主要官员，也都跟随到上都，设衙理事。泰定帝“幸上都，以讲臣多高年，命（虞）集与集贤侍读学士王结，执经以从，自是岁尝在行”[1]。因此，泰定年间，虞集每年都要往来于两都之间，耳闻目睹畿辅之间水源、地势状况，这对他之后形成发展西北水利的思想，有很大影响。

泰定四年（1327）二月，虞集再考试礼部进士，

[1] 《元史》卷一八一《虞集传》，中华书局 1976 年点校本。

为礼部会试主考官。在这次会试的考题中，他公开提出了多年以来深思熟虑的西北水利思想主张：

昔者，神禹尽力沟洫，制其畜泄导止之方，以备水旱之虞者，其功尚矣。然而因其利而利之者，代各有人，故郑渠凿而秦人富，蜀堰成而陆海兴。汉唐循良之吏，所以衣食其民者，莫不以行水为务。

今畿辅东南，河间诸郡，地势下，春夏雨霖，辄成沮洳。关陕之郊，土多燥刚不宜于暵。河南北平衍广袤，旱则赤地千里，水溢则无所归……然思所以永相民业，以称旨意者，岂无其策乎？

五行之才，水居其一，善用之，则灌溉之利，瘠土为饶。不善用之，则泛滥填淤，湛渍啮食。兹欲讲求利病，使畿辅诸郡，岁无垫溺之患，悉而乐耕桑之业，其疏通之术何先？使关陕、河南北，高亢不干，而下田不浸，其潴防决引之法何在？江淮之交，陂塘之际，古有而今废者，何道可复？愿详陈之，以观诸君子用世之学。[1]

这里，虞集回顾历史，从大禹尽力乎沟洫，说到战国时秦之郑国渠、蜀之都江堰，以及汉唐皇朝地方循吏，无不以兴修水利为要务，以利民生。他反观当代，从畿辅东南霖雨辄涝，说到关陕之间和大河南北的干旱，以及江淮之间旧有陂塘的废弃。他批评国家不除水害不兴水利，表示应该恢复并发展西北水利，并询问“疏通之术何先”“潴防决引之法何在”等具体方法。在回顾历史与反思当代中，虞集实际上已经告诉了人们，应该在西北广大地区，恢复原有的沟洫陂塘之制，并发展农田水利。

按元代科举制，省部会试的主要考官，有知贡举和同知贡举各一名，考试官四名，监察御史两名，共八名，[2] 虞集为考官之一，他拟的策问，首先是他多年思考的结果，此次出题，应该得到了其他考官的赞同。元朝每年参加会试的举人定额三百名，虞集的策问，应该在参加会试的三百名举人中得到传播，并且

[1] 虞集:《会试策问》,《元文类》卷四六，国学基本丛书本。

[2] 《元史》卷八一《选举志》，中华书局1976年点校本。

在殿试中，使泰定帝有所知晓。其次，这道“会试策问”因其符合“有系于政治、有补于世教”的选材标准，[1]顺帝初年（1333），苏天爵把它编入《国朝文类》，在比较广泛的范围中，得到了传播。

泰定帝致和元年（1328）三月，虞集兼经筵官。[2]五月，赴上都经筵，“经筵之制，取经史中切于心德、治道者，用国语、汉文两进读之，润译之际，患夫陈圣学者未易于尽其要，指时务者尤难于极其情，每选一时精于其学者为之，犹数日乃成一篇”。经筵制度，是从史书、经书中，选取能切于帝王心德、治道者，用汉语和蒙古语讲授。怎样翻译，怎样讲解，颇费斟酌。儒学者们讲帝王之道，往往博而寡要，不易懂，不易实行。讲时务，又难以把握时务的关键要害。所以往往选精于学术和时务者为之，数日才能翻译成一篇。虞集往往反复斟酌选择古今名物，来让讲章通顺，才能既不违忤帝王之意，又不违背经史。但表达出来的，往往十不及一，深以为遗憾。

泰定之时，自然灾害频繁，北方地区连年发生水

[1] 陈旅：《国朝文类序》，商务印书馆，四部丛刊本。

[2] 《元史》卷三〇《泰定帝纪二》，中华书局 1976 年点校本。

灾、旱灾和蝗灾，东南沿海不断发生海溢，朝廷加强了从江南海运粮食，海运粮高达三百三十七万石。虞集感到，要减轻东南的赋税负担，消除北方水旱灾害，当务之急是兴修西北水利。讲经之余，他向泰定帝建言兴修西北水利:"尝因讲罢，论京师恃东南粮运为实，竭民力以航不测，非所以宽远人而因地利也。"他和王结进言:

京师之东，滨海数千里，北极辽海，南滨青齐，萑苇之场也。海潮日至，淤为沃壤，用浙人之法[1]，筑堤捍水为田。听富民欲得官者，合其众分授以地，官定其畔以为限。能以万夫耕者，授以万夫之田，为万夫之长，千夫、百夫亦如之，察其惰者而易之。一年，勿征也；二年，勿征也；三年，视其成，以地之高下，定额于朝廷，以次渐征之；五年，有积蓄，命以官，就所蓄给以禄；十年，佩之符印，得以传子孙，如军官之法。则东面民兵数万，可以近卫京师，外御岛夷；近宽

[1] 一作吴人圩田法，见欧阳玄《圭斋文集》卷九《元故奎章阁侍书学士翰林侍讲学士通奉大夫虞雍公神道碑》。

东南海运，以纾疲民；遂富人得官之志，而获其用；江海游食盗贼之类，皆有所归。

京师之东，北起辽海，南到青州齐地，在沿海地区，用浙江人圩田之法，筑堤捍水为田。招募富人想当官者授田，让他们招募农夫耕种，根据招募人数多少，授予万夫长、千夫长、百夫长。第一、二年不征税，第三年起征。第五年，给俸禄。十年授予符印，并且可以传给子孙。这种措施一举多得：既可得东南民兵数万，成为国家的京东屏障，还可以抵御倭寇。又可缓解国家对东南海运的压力，满足富人得官的愿望，也使江海游食者，都有事可做。

时人说，虞集“气貌温和，敷陈剀切，间及时务，必曲尽事宜。尝因讲罢，论京师恃东南运粮为实，竭民力以航不测，非所以宽远人而因地利也”[1]。泰定帝接受并支持虞集的建议，但是一旦遇到不同意见，就动摇了：“议定于中，说者以为一有此制，则执事中，

---

[1] 〔元〕赵汸：《东山存稿》卷六《邵菴先生虞公行状》，文津阁四库全书本。

必以贿成，而不可为矣。事遂寝。”[1] 因为怕有贿赂，事情就搁置了。

文宗天历二年（1329），南方大水灾，江浙饥民六十余万户。海运至京师者，凡一百四十万九千余石，[2] 触礁漂没的粮食达七十万石，[3] 死亡运夫何啻数千？朝廷祈求天妃的灵慈，加封天妃为护国庇民广济福惠明著天妃，遣宋本等代元文宗祀天妃，[4] 而虞集相信海上舟师的导航。朝廷关心海运粮的失陷，而虞集则痛心运夫的生死。于是，他从正反两方面评价海运："于今五十年，运积之数百万石以为常。京师官府众多，吏民游食者，至不可算数，而食有余，贾常平者，海运之力也。天历二年，漕吏或自用，不听舟师言，趋发违风信，舟出洋，已有告败者，及达京师，会不至者盖七十万。天子悯之，复溺者家，至载之明诏。廷臣恐惧，思所以答上意。……奈何独使东南之人竭力以

[1] 《元史》卷一八一《虞集传》，中华书局 1976 年点校本。

[2] 《元史》卷三三《文宗纪二》，中华书局 1976 年点校本。

[3] 虞集：《道园学古录》卷六《送祠天妃两使者序》，商务印书馆四部丛刊本。

[4] 《元史》卷三三《文宗纪二》，中华书局 1976 年点校本。

耕，尽地而取，而使之岁蹈不测之渊于无穷乎？”[1]天历二年海运，漕吏刚愎自用，不听舟师，违背风信，结果海船刚出洋，就遭遇风险，七十多万石漕粮未到京师，船毁人亡。

虞集猜测，天历二年海运船毁人亡，七十万石漕米不至京师，可能隐藏着海运中的一项罪恶。他说：“某年，尝适吴（今苏州），大吏发海运。问诸吴人，则有告者曰：富家大舟受粟，多得佣直，甚厚，半实以私货，取利尤夥，器壮而人敏，常善达。有不愿者，若中产之家，辄贿吏求免，宛转期迫，辄执畸贫而使之，舟恶，吏人朘其佣直，工徒用器、食卒取具授粟，必在险远，又不得善粟，其舟出辄败。盖其罪有所在矣。今日之事，此其一端乎？”富家用大船运粮，能得丰厚佣金，船中所载货物，半为私货（即走私货），又能获得一份收益，这种海船坚实，船员敏捷，顺利到达天津直沽。有些人不愿意运输赋米，如中产之家，不愿出船运粮，贿赂官吏，中间周旋，耽误时间，最后官吏就把运输赋米的任务，转嫁到穷户身上，让穷户运粮。穷户（雇

[1] 虞集：《道园学古录》卷六《送祠天妃两使者序》，商务印书馆四部丛刊本。

用的）船只，质量不好。押运监临官，又克扣其佣金。这种海船不结实，船上人偷取粮食，都在大洋，但是又不得好米，所以海船一出海，他们就凿沉海船。这种海运中的罪恶，一般外人很难知晓。这大概也是海运沉船的原因之一。虞集的猜测，有一定道理。如至正十二年（1352）樊时中在平江督海运，官府大宴犒于海口，有客船自外至，官方检验其券信无误后，让这些客船进入港口，结果这些客船是海寇所驶，海寇焚烧海运船只，劫持粮食。所以至正十二年海运粮，没有到达天津直沽海口。

他比较国家夺取江南前后财赋收入与使用的情况："国家方取江南，用兵资粮，悉取于中原，而民力不至乏绝。及尽得宋地，贡赋与凡财货之供，日输月运，无有穷已，而国计弗裕者，上不节用而下多惰农故也。"元世祖时，兵粮全资中原，东南民力不至于乏绝。后来平宋，增加了贡赋和所有财货供应，长年不断，都有船只运送粮食和其他货物到京师。为什么国计仍然不足？原因无非两点，一是元朝皇帝赏赐都是大手笔，二是北方土地利用和水利开发不充分。虞集指出中原生产不足与消费过多，是财富乏绝的根本原因。有鉴于此，他再次提出发展西北水利的建议："且京师之东，萑苇之泽，滨海而南者，广袤相乘，可千数百里，潮淤肥沃，实甚宜稻。用浙闽堤圩之法，则皆良田也。宜使清强有智术之吏，稍宽假之，量给牛种农具，召募耕者，而素部分之，期成功而后税，因重其吏秩，以为之长，又可收游惰弭盗贼，而强实畿甸之东鄙，如此，则其便宜又不止如海运者。"在京师之东，招募江浙农师用堤圩之法，兴修水田；教民种植水稻，借给农具、种子，既可加强畿辅东南的力量，又可安置游民。发展京东水利，比海运更能有效地解决大都的粮食供应问题。但是，"时宰以为迂而止"[1]。宰相认为迂阔、不切实用。

在北方，春夏间亢旱不雨，燕南、河北、山东饥民六十七万户，诸路流民十数万。陕西旱灾尤其严重，自泰定二年（1324）至天历二年（1329），连续六年干旱，陕西行省月月告饥。夏四月，饥民达一百一十三万四千余口，诸县流民数十万，饥民至有相食者，民枕藉而死。有方数百里，无孓遗者。朝廷

[1] 虞集:《道园学古录》卷六《送祠天妃两使者序》，商务印书馆四部丛刊本。

遣使祭祀西岳华山，赈济不足，又令商人入粟中盐、富家纳粟补官，[1] 文宗“问虞集何以救关中”，虞集说：“大灾之后，土广民稀，可因之以行田制，择一二知民事者为牧守，宽其禁令，使得有为，因旧民所在，定城郭田里，治沟洫畎亩之法，招其流亡，劝以树艺，数年之间，复其田租力役，春耕秋敛，量有所助。久之，远者渐归，封域渐正，友望相济，风俗日成，法度日备，则三代之遗规，将复见至虚空之野矣。”选拔通晓农事民情者为守令，兴修水利，招抚流亡，劝民耕种，免其田租力役，有收成后，吸引流民返乡，恢复生产生活秩序。元文宗认为很有道理，称善[2]。虞集进一步说：“幸假臣一郡，试以此法行之，三五年间，必有以报朝廷者。”虞集表示要到陕西做一位地方官员，试图发展农业、安抚流民。元文宗身边的大臣们说，虞集此举，是欲辞官，文宗遂罢其议。[3] 虞集受知于元文宗，

---

[1] 《元史》卷三二《文宗纪一》，卷三三《文宗纪二》，中华书局 1976 年点校本。

[2] 欧阳玄：《圭斋文集》卷九《元故奎章阁侍书学士翰林侍讲学士通奉大夫虞雍公神道碑》，商务印书馆四部丛刊本。

[3] 《元史》卷一八一《虞集传》，中华书局 1976 年点校本。

元文宗总怕虞集“欲为归计”[1],所以,虞集每次想到外地为官，或有事，他都不同意。

至此，虞集在会试、经筵、会议、廷对等不同场合中，多次提出了发展西北水利的主张，并表示要亲自到陕西做一路官，劝农桑，修水利，但都没有被朝廷接受。因此,西北水利,实现无望。至顺元年(1330)二月，虞集感到“无益时政，且娼嫉者多”，于是与几位同僚，同日辞官。文宗说：你们的职责是“以祖宗明训、古昔治乱得失，日陈于前，卿等其悉所学，以辅朕志。若军国机务，自有省台院任之，非卿等责也。其勿复辞”[2]。元文宗声明学士们的职责是讲究历史经验，辅佐皇帝教化，军国机务自有中书省、御史台、枢密院官员主管，明确宣布不准许他们议论军国机务和时政。之后虞集领《经世大典》总裁官,并兼修治典。至顺四年(1333)，虞集谢病归临川，至正八年(1348)病卒。

虞集的西北水利思想没有实现，有当时大的政治和经济环境的因素，在泰定帝和文宗的粉饰文治政治

[1] 罗鹭:《虞集年谱》，凤凰出版集团，2010年，第106页。

[2] 《元史》卷一八一《虞集传》，中华书局1976年点校本。

中，南方汉族官员只是备员而已，他们的思想主张无论是否关系国计民生，都不可能受到重视，但是却得到一些汉族官员的理解。南方籍官员和学者，在有关海运使江南赋重民贫问题上，与虞集有相同的感受。北方官员也赞同虞集的西北水利思想，如至顺三年（1332），宋本说："水之利害，在天下可言者甚夥。姑论今王畿，古燕赵之壤，吾尝行雄、莫、镇、定间，求所谓督亢陂者，则固已废。何承矩之塘堰，亦漫不可迹。渔阳燕郡之戾陵诸堨，则又并其名未闻。豪杰之意，有作以兴废补蔽者，恒慨惜之。"[1]宋本所说的"豪杰"极有可能指虞集，因为天历二年（1329）宋本等代皇帝去浙江祭祀天妃时，虞集为之作《送祠天妃两使者序》，表达了发展西北水利的主张。当至正十二年（1352）海运不通时，宰相脱脱建议在京畿屯田，兴修水利。所用方法与虞集所建议的基本相同，但这已经无补于元朝的命运。

明朝，江南籍官员和学者所继承和发展，虞集发展西北水利的思想主张。万历三年（1575），徐贞明上

[1] 许有壬：宋本《都水监记事》，见《元文类》卷三一，国学基本丛书本。

奏朝廷："臣尝考《元史》，学士虞集建议……惜其议中格。及末年海运不继，始有海口万户之设，已无救于元事矣。臣尝临文叹惋，恨（虞）集言不蚤售于当时。今自永平滦州，以抵沧州庆云之境，地皆萑苇，土实膏腴，（虞）集议断然可行。当全盛之时，河漕岁通，而思患预防，纷然献议，独于（虞）集议尚废焉未讲。若仿其意，招抚南人，筑塘捍水，虽北起辽海，南滨青齐，皆可成田，有不烦转漕于江南而自足者。"[1] 万历十三年（1585），他得到朝廷的支持，在京东修水田三万九千亩。[2] 万历三十五年（1607），徐光启著《漕河议》，认为北方有限的水源并没有用于生产，实属可惜。崇祯三年（1630），徐光启上疏："京东水田之议，始于元之虞集，万历间尚宝卿徐贞明踵成之，今良涿水出，犹其遗泽也。臣广其说，为各省直概行垦荒之议；又通其说，为旱田用水之议。然以官爵招致狭乡之人，自输财力，不烦官帑，则集之策不可易也。"[3] 徐贞明

[1] 徐光启：《农政全书》卷一二引《请亟修水利预农政书》，岳麓书社，2002 年。

[2] 《明史》卷一一一《徐贞明传》，中华书局 1974 年点校本。

[3] 徐光启：《徐光启集》卷五《钦奉明旨条画屯田疏》，上海古籍出版社，2010 年。

和徐光启，明朝这两位西北水利的理论建设者和实践者，都对虞集表示了深深的敬意。

元朝东吴士人领袖郑元祐

郑元祐（元朝世祖至元二十九年至顺帝至正二十四年，1292—1364），字明德，处州遂昌（今浙江丽水遂昌）人，学者称遂昌先生。后来侨居吴中（今苏州）近四十年，晚年命名其文集为《侨吴集》。郑元祐在吴中士人中影响很大，时人和后人都把他作为吴中学人的代表，当时吴中碑碣序文之作多出其手，明弘治九年（1496）吴中张翥说他是“吴中硕儒，致声前元”[1]，给他很高的评价。清康熙时长洲顾嗣立编《元诗选》收录了他二十几首诗，乾隆时编《四库全书》，收入他的《侨吴集》，他的诗文受到重视。

郑元祐早年居钱塘（今杭州市），钱塘为故宋首

[1] 张翥刊:《侨吴集》后，台湾商务印书馆影印文渊阁四库全书，以下皆同。

都，“是时，咸淳诸老犹在，元祐遍游其门，质疑稽隐，克然有得，以奇气自负”。咸淳（1265—1274）是宋度宗年号，他信任贾似道，误国误民，元军进攻四川，包围襄阳、樊城。咸淳时一些老人，直到元朝中后期仍然在世，郑元祐向他们了解南宋的历史。这种经历使他对自南宋以来江南的故家文献，以及社会隐忧，有较深刻的理解。元祐儿时伤右臂，及长，能左手作楷书，规矩备至，世称一绝，遂号“尚左生”[1]。因此，在钱塘期间，郑元祐还在文苑中树立了名声。

元泰定年间（1324—1328），郑元祐移居平江（今苏州市），之后近四十年，都侨居于吴中。在此期间，他的声望更高了。元祐“素不喜著书”，曾经对学者说：“经则经也，史则纬也，义理渊薮在焉。学者能尽得古人之意鲜矣，况敢私有所论述乎！”表明他重视经史，反对空谈义理的学术思想，时人称其有识见。[2]平江，为路治所在地，物产丰富，寓公雾会，学者云集，

---

[1] 顾嗣立：《元诗选》初集卷五二《郑提学元祐》，台湾商务印书馆影印文渊阁四库全书，以下皆同。

[2] 苏大年：《遂昌先生郑君墓志铭》，见《侨吴集·附录》，台湾商务印书馆影印文渊阁四库全书。

郑元祐“富贵声利，一不动其心。浙省台宪争以潜德荐之，臂疾不愿仕”[1]，直到顺帝至正十七年（1357），平江路授其官为儒学教授，郑元祐欣然而往，说：“讲学，吾素志也。”但是，他在这个职位上只有一年时间，就称疾而去。

郑元祐的文章颇负盛名，“为文章滂沛豪宕，有古作者风，诗亦清峻苍古”[2]。当时，昆山富豪顾仲瑛轻财结客，筑别墅，名曰玉山佳处，取杜甫诗语，匾其读书之处曰玉山草堂，[3]成为四方文人名士文会之胜处，“良辰美景，士友群集，四方之士与朝士之能为文辞者，凡过苏必至焉。至则欢意浓浃，随兴所至，罗尊俎、陈砚席，列坐而赋……仙翁、释子，亦往往而在，歌行比兴，长短杂体，靡所不有”[4]。以顾仲瑛为首的苏州昆山文人雅集，有文人，有道释，节目有唱歌、弹奏、赋诗、作文、饮酒，无所不有。当时参加文会的有杨维桢、柯九思、李孝光、郑元祐、陈基

[1] 顾嗣立：《元诗选》初集卷五二《郑提学元祐》。

[2] 顾嗣立：《元诗选》初集卷五二《郑提学元祐》。

[3] 郑元祐：《侨吴集》卷一〇《玉山草堂记》。

[4] 李祁：《云阳集》卷六《草堂名胜集序》，台湾商务印书馆影印文渊阁四库全书。

等。这些人，都以文章儒学擅名当代，《元史》《明史》都有他们的传记。但郑元祐堪称玉山草堂坐上宾，“玉山主人草堂文酒之会，名辈毕集，记序之作多推属焉。东吴碑碣有不贵馆阁而贵所著者”[1]。这里所说的馆阁，是一种文体，是指翰林院、集贤院、奎章阁学士院等馆阁文臣，为皇帝起草的制书诏命，以及其他朝廷应用文字；其文体、书法，均力求典雅、工整，有固定格式。但是郑元祐所作碑碣、文章、书法皆称绝妙，其影响胜过馆阁体，更为东吴士人所推重。从这个方面说，郑元祐堪称东吴士人领袖。他所作的一些碑碣文字，在叙述碑碣主人的行事中，往往反映了元朝吴中的社会风俗及情况，也反映出作者的思想情绪。

元统一后，江南成为朝廷财赋源薮。江南赋税繁重，导致许多富民纷纷破产，苏州、长洲县尤其严重。郑元祐表达了对江南赋重民困的看法，（后）至元年间（1335—1340），他说：“长洲旧为平望县，其以里计者，未必数倍子男封邑也；其以财计，未必男尽田、女尽蚕也。其秋输粮、夏输丝也，粮以石计至三十有万，

[1] 顾嗣立：《元诗选》初集卷五二《郑提学元祐》。

丝以两计至八万四千有奇。余皆略之也。使钱镈尽翻其町畽，桑植尽植其垣塍，然后输公上者，可以无阙也。奈之何闲田惰农与水旱更相病，然则其民力如之何而不瘁哉！故自昔号为兼并，及今无块壤以卓锥，无片瓦以覆首者矣，其困疲之极如此。”[1] 长洲县面积小，每年仅仅夏秋税粮就要三十万石，丝八万四千两。如果尽地力，男女尽力耕织，尚可足额交纳税粮、丝料，但是事实并非如此。农民有从事工商者，又有水旱之灾、土地兼并，农民头上无片瓦之屋，脚下无立锥之地，农民赋税负担重，生存压力大。

苏州、长洲的赋税负担到底怎么样？他说：“国家疆理际天地，粮穰之富，吴独赋天下十之五，而长洲县又独擅吴赋四之一。”[2] 元朝疆域，汉唐无法比拟。但是京师所需税粮，很大比例压到东南地区。苏州赋税占全国十分之五，而长洲赋税又占苏州赋税的四分之一。作为一个侨居苏州的学者，郑元祐提出了苏州和长洲赋税负担重的重要问题，显示他关注现实，关注当地民生。

---

[1] 郑元祐：《侨吴集》卷一一《长洲县达鲁花齐元童君遗爱碑》。

[2] 郑元祐：《侨吴集》卷九《长洲县儒学记》。

他批评国家只重视赋税征收，而轻视东南水利的经济政策：江南“内附后，务田租岁入之多，而其所以忧水为民害者，寝不复讲。国初尝立都水监，近又立庸田司，岁预勒守令必具状，秋收有成数，而水旱不恤也。于是农始告病焉”[1]。国家只知征收苏州赋税，却不能发挥国家兴修水利的作用。虽然设立都水监、庸田司等水利机构，但是这些水利机构却以征收赋税为能事，每年都要求地方守令事先准备文书，写明来年秋收的成数，不顾水旱灾情。对此种情况，不仅当地农民痛恨之极，侨居此地的学者郑元祐也看不下去。

江南赋重的结果就是富民的破产、经济的凋敝：

> 江南归职方，浙西为故宋内地，豪宗巨党以自附丽，于昔者不可谓不多也。六七十年之久，太平之泽，涵煦而生植者，岂异于昔哉！然其间衰荣代谢，何有于今日人事之亏成，天运之更迭，非惟文献故家，牢落殆尽，下逮民旧尝脱编户齿士籍者，稍觉衣食优裕者，并消歇而靡有孑遗。

[1] 郑元祐:《侨吴集》卷八《祈晴有应序》。

若夫继兴而突起之家，争推长于陇亩之间。彼衰而此盛，不为少矣。[1]

南宋时，江南有不少豪富家族。元统一后才六七十年，天下太平，但是故家大族都衰落。不仅仅是文献故家大族衰落，连那些曾经脱离编户齐民身份登上士籍者，甚至衣食稍微充裕者，这些新上升的阶层也都消歇衰败，靡有孑遗，但是一些暴发户突然兴起。旧贵族消亡，新贵族产生，这样的情况不少。

郑元祐作诗，生动形象地表达重赋之下吴中社会衰落、经济凋弊残破的景象：

中吴号沃壤，壮县推长洲。
秋粮四十万，民力疲诛求。
昔时兼并家，夜宴弹箜篌。
今乃呻吟声，未语泪先流。
委肉饿虎蹊，于今三十秋。
亩田昔百金，争买奋智谋。

[1] 郑元祐:《侨吴集》卷八《鸿山杨氏族谱序》。

安知征敛急，田祸死不休。

膏腴不论值，低洼宁望酬。

卖田复有献，惟恐不见收。

日觉乡胥肥，吏台起高楼。

坐令力本农，命轻波上沤。

……[1]

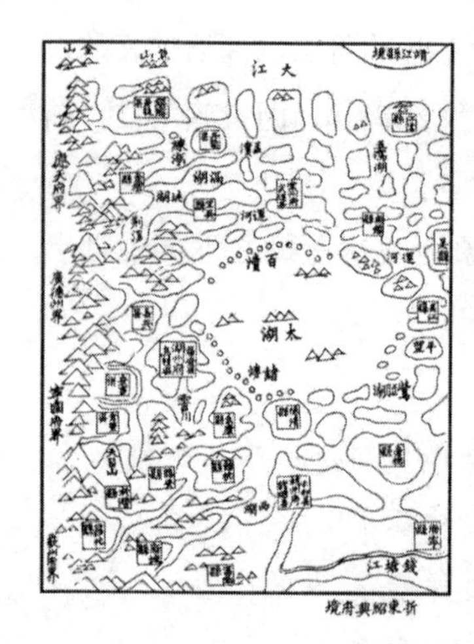

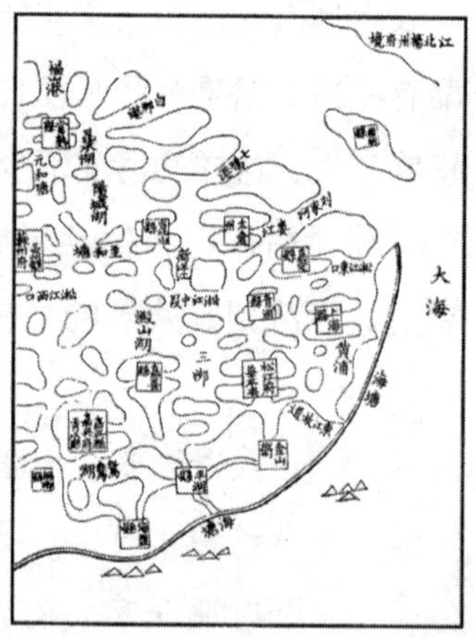

东南七府水利总图

长洲、吴县治所，都在苏州城里，两县区域范围较小。

选自《吴江水考》卷一

[1] 郑元祐:《侨吴集》卷一《送刘长洲》。

长洲，属于平江路。长洲、吴县并为倚郭。面积小，但是秋粮四十万石。诗歌形象地描绘了在沉重赋税负担下，苏州长洲县富民破产的情景。原先长洲的大家族或富豪，夜宴笙歌，如今未语泪先流。以前土地值钱，亩值百金，大家争相购买土地；如今这些大家族或富豪，交纳赋税比较重，有田就破产。或者田去税存，田祸至死不休。人民以有田为拖累，唯恐有田，纷纷出卖土地，膏腴之田都低价卖出，低洼下地，宁愿白送。人们不仅纷纷卖出田产，而且捐献田产给一些朝廷机构，还唯恐人家不收。经手办事的乡里胥吏，从中渔利，日益肥厚，竟然建造起厅台楼阁。这种情况，命令人民勤奋力农，其命令毫无权威，就如水波上的水泡一样。长洲富户的破产，并不是特例，这在江南较为普遍。

郑元祐对江南富民的破产感触良多，他说“江南乔木几家存”[1]。这些既反映元朝中后期吴中经济、社会凋零残破的情况，又反映郑元祐不满意京师过分依赖吴中财赋的思想。

[1] 郑元祐:《侨吴集》卷二《送范子方掌故》。

自至元十九年（1282）实行海运，江南三省赋税秋粮，都通过海运运往大都，朝廷在平江（今苏州）设海道万户府，每年分春运和夏运，把江南财赋税粮，源源不断地运往大都。郑元祐身为东吴文人领袖，参加东吴文人聚会，接触许多海运大员，耳濡目染，了解到海运粮食的漂没丧失，以及运夫在海上生命无保障。他对海运中死难的运夫充满同情：“有家国天下者，无不役之民。得其民而驱之以涉天下之至险，则无有甚于漕民者”[1]“今夫海，天下之至险也。而国家岁漕东南粟，由海达直沽，自非天佑休显，渊神川后，效职致命,则何以必其无虞也哉！”[2]他了解到大都的粮食供应，不满意大都仰食海运粮，说：“钦惟世皇，东征西伐，岂知东南之稻米？然既定鼎于燕，有海民朱、张氏，设策通海运，用海艘趠顺，不浃旬而至于京畿。其初不过若干万，兴利之臣岁增年益，今乃至若千万。于是畿甸之民开口待哺以讫于(今)”[3]“京畿之大，臣民之众，梯山航海，云涌雾合，辏聚辇毂之下，

---

[1] 郑元祐:《侨吴集》卷一一《亚中大夫海道副万户燕只哥公政绩碑》。

[2] 郑元祐:《侨吴集》卷一一《前海道都漕万户大名边公遗爱碑》。

[3] 郑元祐:《侨吴集》卷八《送徐元度序》。

开口待哺以仰海运，于今六七十年矣”[1]“京畿，天下人所聚，岂皆裹粮以给朝暮，概仰食于海运明矣。”[2]郑元祐对大都仰食海运，并且使江南赋重民贫的不满之情，跃然纸上。

江南富民纷纷破产，昔日的荣华富贵不复存在。同时，北方地区水利失修，土地的生产能力下降，他对此持批评态度。至正十二年（1352）海运不通，宰相脱脱建议开展京畿屯田水利，以就近解决大都的粮食供应。至正十三年（1353）朝廷派徐元度等人，“召募江南有赀力者授之官，而俾之率耕者相与北上”，虞集提倡的招募江浙农师发展西北水利建议，终于实现了。

郑元祐参加了吴中士人欢送徐元度的聚会，并且写下《送徐元度序》。他首先回顾历史上开发农田水利与国家强盛的关系：“周以后稷兴，故其子孙有天下，于郊庙荐享其功烈而被之诗者，一以农事为言。……成周之有天下，《豳》《雅》之陈，不惟其他，而惟切于有衣食，宜乎登歌《雅》《颂》之不敢少忘，故能历

[1] 郑元祐：《侨吴集》卷一一《前海道都漕万户大名边公遗爱碑》。

[2] 郑元祐：《侨吴集》卷一一《亚中大夫海道副万户燕只哥公政绩碑》。

祀八百与夏、商比隆也。秦起，号富强，盖其民不耕则战。汉以孝悌力田选士，故其得士为多。赵充国平西戎，建置屯田，边费为省。降是，莫不以屯田致富强也”，周、秦、汉、唐之兴盛富强，皆以发展西北农功水利。而“我朝起朔漠，百有余年间，未始不以农桑为急务。……中州提封万井，要必力耕以供军国之需。如之何海运既开，而昔之力耕者皆安在？此柄国者因循至于今，而悉仰东南之海运，其为计亦左矣”。批评了国家实行海运后，西北田土不耕、水利荒废的情况。

其次，他批评了北方不宜水稻的论调：“水有顺逆，土有柔坚。或者谓北方旱寒，土不宜稻。然昔苏珍芝尝开幽州督亢旧陂矣，尝收长城左右稻租矣。隋长城以北大兴屯田矣，唐开元间河北、河东、河西左右屯田，岁收尤为富赡。由此言之，顾农力勤惰如何，不可以南北限矣。”[1] 他用北魏、隋、唐开发长城附近、河北、河东、河西农田水利、种植水稻的事实，驳斥了以南北限水利的说法，认为西北有发展水利的条件。

[1] 郑元祐：《侨吴集》卷八《送徐元度序》。

最后，他认为国家招募江南农师，必须解决好他们在北方的实际生活问题："然吴下力田之民，一旦应召募，捐父母弃妻子去乡里羁凄旅，欲其毕志于耕获，虽岁月不堪久，然亦必使之有庐井室灶，有什器医药，略如晁错屯边之策，庶乎人有乐生之心，无逆旅之叹。"此时，郑元祐已经六十多岁了，他希望西北水利能成功地解决大都的粮食供应问题，但却无限伤感地说："余老矣，尚庶乎其或见之。"[1]以他在东吴文人中的地位，和他文章的影响，他对江南赋税繁重、富民破产、大都仰食海运粮及西北水利的态度，实则反映了东吴士人的态度。

郑元祐所代表的东吴士人，关心东吴地方利益甚于国家利益，他们所提倡的西北水利，其实质是通过发展西北水利，就近解决大都粮食供应问题，以缓解对东南粮食压力的一种手段。当元末天下大乱时，东吴士人对朝廷不再抱有希望，纷纷投靠张士诚："东吴当元季割据之时，智者献其谋，勇者效其力，学者售

[1] 郑元祐：《侨吴集》卷八《送徐元度序》。

其能，惟恐其或后。”[1]“东南文士多往依之”，郑元祐进入张士诚幕府，而且“最为一时耆宿”[2]，这最清楚不过地说明了郑元祐所代表的东吴士人，对京师粮食供应依赖东南持非常不满的政治态度。至正二十四年，他升江浙儒学提举，元祐欣然不辞，说：“文台，儒者之职也。”居九月，感微疾而卒。[3]

另外需要指出，郑元祐所提倡的发展西北水利以就近解决大都粮食供应及减轻江南赋税的思想，在元明清时期实际是代表了江南籍官员学者的思想。因此，他虽然只经历过两任短暂的学职，但其诗文为时所重，因此也被后人视为吴中硕儒，以学人之身登吴中文坛而为领袖。其中，他批评元朝江南赋税重、海运困难，提倡发展西北水利，是他被视为吴中硕儒的部分原因。

---

[1] 钱溥：《云林诗集序》序，《常郡八邑艺文志》卷五下，清光绪十六年刻本。

[2] 顾嗣立：《元诗选》初集卷五二《郑提学元祐》，台湾商务印书馆影印文渊阁四库全书。

[3] 苏大年《遂昌先生郑君墓志铭》，见《侨吴集·附录》，台湾商务印书馆影印文渊阁四库全书。

元代江南籍官员学者发展西北水利的主张及其历史影响

元中后期，江南籍官员学者如虞集、赵汸、吴师道、郑元祐、陈旅、陈基等，积极提倡发展西北水利。他们说的西北，指中书省、河南、陕西及辽阳行省的西南部，相当于今天黄河流域及其以北地区。江南籍官员学者为什么倡导西北水利，它的内容和实质是什么，对当时国家经济决策、明清北方农田水利事业有什么影响，我们提出并试图回答这些问题。

一、江南籍官员学者关于江南赋税之重的意识及其论证

元代，江南籍官员学者提倡发展西北水利，原因

之一是他们认为江南赋重民贫，发展西北水利可就近解决大都粮食供应，缓解南方的压力。

顾炎武《日知录》提出明代“苏松二府赋税之重”的问题，现今多数研究江南经济史者常常引用。其实在宋元时就出现了这个问题，元代更为严重。可以说，江南籍官员学者具有的元代江南赋税之重意识，是其提倡西北水利的根本原因。他们认为漕运、海运使江南赋重、民困；江南赋税为天下最、吴赋又为东南最，吴赋中又以松江和长洲为重：“方今经费所出，以东南为渊薮”[1]“江浙财赋之渊，经费所仰，曰盐课，曰官田，曰酒税，其数不轻也。以三者而论，盐课，两浙均；官田，浙西为甚；酒税，止于杭州”[2]“浙江行省……土赋居天下十六七”[3]“江浙粮赋居天下十九，而苏一都又居浙十五”[4]“闽粤诸郡……租入之数，不当东吴

[1] 赵汸:《东山存稿》卷二《送浙江参政契公赴司农少卿序》，台湾商务印书馆影印文渊阁四库全书。下同。

[2] 吴师道:《礼部集》卷一九《国学策问四十道》，台湾商务印书馆影印文渊阁四库全书。

[3] 陈旅:《安雅堂集》卷九《浙江省题名记》，台湾商务印书馆影印文渊阁四库全书。

[4] 杨维桢:《东维子集》卷二九《送赵季文都水青吏考满诗》，台湾商务印书馆影印文渊阁四库全书。

一县。”[1] 这都是说江南赋税为天下最，吴赋（苏赋）又为江南最。吴赋中，又以长洲为最，长洲“秋输粮夏输丝也，粮以石计至三十有万，丝以两计至八万四千有……其困疲之极如此”[2]“国家疆理际天下，粮馕之富，吴独赋天下十之五，而长洲县又独擅吴赋四之一”[3]“中吴号沃壤，壮县推长洲。秋粮四十万，民力疲诛求”[4]“东南民力，乃多在于吴郡；吴郡所需乃多出于长洲，……岁出田赋，上送于官者，为在五十余万”[5]。上述对江南赋税在天下赋税中比例的说法不尽相同，但都肯定江南赋税重。必须指出，江南籍官员学者是在题名记、赠序、去思碑、国学策问等文章中，谈论江南赋重，而不是在私人书信、日记、谈话中流

[1] 贡师泰：《玩斋集》卷六《送李尚书北还序》，台湾商务印书馆影印文渊阁四库全书。

[2] 郑元祐：《侨吴集》卷一一《长洲县达鲁花奔元童君遗爱碑》，台湾商务印书馆影印文渊阁四库全书。

[3] 郑元祐：《侨吴集》卷九《长洲县儒学记》，台湾商务印书馆影印文渊阁四库全书。

[4] 郑元祐：《侨吴集》卷一《送刘长洲》，台湾商务印书馆影印文渊阁四库全书。

[5] 戴良：《九灵山房集》卷一〇《吴游稿第三·长洲县丞去思碑》，商务印书馆四部丛刊本。

露这种思想，应当有一定的根据，离事实不远。《元史·食货志一》记载：文宗天历二年（1329）天下岁入1214万石，腹里、河南、陕西为509万石，占总额的42%，江浙、江西、湖广为649万石，占53%，江浙行省为449万石，占37%；但是从疆域面积、土地面积看，江浙行省面积，仅仅是一省面积。武宗时宰相月赤察儿说："江南民力极矣，请辞万石之入入官，以苏民力。"[1]他要辞掉自己的租入，来减轻苏州人民的负担。这些，至少可以作为江南人对江南赋重认识可信性的旁证。

江南赋税与其土壤质量、疆域面积不相称。《至正金陵新志》中说道："《禹贡》扬州厥土途泥，厥田下下。惟人工修，而山泽之利行，故其赋但居下上，杂出中下，不与田之等相当……以《宋史》考之，东南之取于民者亦已悉矣……今国家都燕，岁漕东南粟数百万。"[2]至正十一年（1351），陈基说："吴之土，不如

---

[1] 元明善：《太师淇阳忠武王月赤察儿碑》，《元文类》卷二三，国学从书本。

[2] 张铉纂修：《至正金陵新志》卷七《田赋志》，北京图书馆出版社2006年影印本。

雍州之黄壤，其田不及豫州之中土，而其赋视梁州乃在上者……古今殊时，风气异宜。涂泥之土，贡倍于黄壤；下下之田，赋浮于上上。”[1]这都隐含着江南赋税等则，与土壤等级，不相称的思想。郑元祐认为“长洲旧为平望县，其以里计者，未必数倍子男封邑”[2]。在古代公侯伯子男五等封爵制下，子男爵位土地方圆不超过50里。长洲县土地方圆不能达到数倍子男封爵的土地面积，但赋税却达到30万石，所以对长洲赋重愤愤不平。

他们分析江南赋税重的主要原因：海运粮数量、官民田赋税额、有些官田“财赋之隶东朝者，不总于大农”，而是隶属于皇太后。这些土田的赋税额逐年增加，这些都造成江南赋重。延祐时（1314—1320）虞集说：“海运之实京师，祖宗万世之长策也，然东南之民力竭矣。”[3]揭傒斯认为从江西运粮到大都，是“物

[1] 陈基：《夷白斋稿》卷一三《送丁经历序》，上海书店四部丛刊三编本。

[2] 郑元祐：《侨吴集》卷一一《长洲县达鲁花齐元童君遗爱碑》，台湾商务印书馆影印文渊阁四库全书。

[3] 虞集：《道园学古录》卷四一《平江路总管府达鲁花赤兼管内劝农事黄头公墓碑》，商务印书馆四部丛刊本。

之所有，取之不足以更费”[1]。河南人王沂的说法，可作河南人对江南海运粮比例认识的旁证：“当今赋出于天下，江南居十九。浙之地，在江南号膏腴，嘉禾、吴松江又号粳稻，厌饫他壤者，海漕视他郡居十七八。”[2]

江南籍官员学者，进一步探究江南官赋重的原因，对“贡赋之变,未尝不再三深致其意”[3]。他们认为南宋实行公田法、元朝经理江南土田，以及籍没罪人的没官田，都使得元朝江南官田赋重，“官田者，盖仍宋公田之旧，输纳之重，民所不堪”[4]。例如，“松江……疆实宋之一邑，而赋之出至今益重。宋绍熙间，米之赋于秋者为石十有一万二千三百有奇，其季世有公田之役，而赋以增。国初理土田，增于宋赋。延祐间复理而增之，前后以罪人家田没入官，其赋又再增之。

---

[1] 揭傒斯:《文安集》卷八《丰水缆志序》，台湾商务印书馆影印文渊阁四库全书。

[2] 王沂:《伊滨集》卷一四《送刘伯温序》，台湾商务印书馆影印文渊阁四库全书。

[3] 揭傒斯:《文安集》卷八《丰水续志序》，台湾商务印书馆影印文渊阁四库全书。

[4] 吴师道:《礼部集》卷一九《国学策问四十道》，台湾商务印书馆影印文渊阁四库全书。

盖今七倍于绍熙者矣，民其困矣……凡赋之积逋，至正二年十余万石，其民益困……松江之民受困如是乎？”[1] 松江赋税，宋绍熙年间（1190—1195）秋粮 11 万石，元代至元末（1293）达到 80 多万石，百年之间，赋税增加 7 倍，民如何不重困？

实际上，江南官田，并不隶属于大司农，“财赋之隶东朝者不总于大农”，而是为皇太后、皇帝等私人所有，江浙等处财赋是属于皇帝的财产，江浙等处财赋总管府，替皇帝管理财产，徽政院，替皇太后管理财产。这些皇室成员的个人财产，也使江南赋重，例如，至元时“以东南财赋足以裕国用矣，乃以故宋水衡少府之所有、与其宗室之所私、其大臣之尝籍入者，设官掌之，以备宫壶之奉，而天子得以致孝养焉。至元十六年，始立江浙等处财赋总管府，二十六年（1289）改江淮府，至大元年始立江淮等处都总管府，至顺元年复立焉。大抵财赋之隶东朝者，不总于大农，而使数官岁集褚泉三百余万缗、米百余万石于江淮数

[1] 宋禧：《庸庵集》卷一二《送宇文先生后序》，台湾商务印书馆影印文渊阁四库全书。

千里之地”[1]；大德时“（松江）府为皇太后汤沐邑，直隶徽政院”“诸项钞若干万缗”，直接运送大都徽政院，当时官吏有“东南民力竭”之叹。[2]总之，他们认为，江淮财赋总管府及其下属的各财赋提举司，徽政院，都使江南赋重民困。

这些税粮数额到底有多少？文献没有记载。不过，至正十四年（1354）十一月诏：“江浙应有诸王、公主、后妃、寺观、官员拨赐田粮，及江淮财赋、稻田、管田各提举司粮，尽数赴仓，听候海运，以备军储，价钱依本处十月时估给之。”[3]国家按时价收购江淮财赋总管府等直属于皇家成员和官员私人所有的租粮作为明年春运海漕，足见其数量不少。

他们认为，江南赋重的后果是富民破产，水利不修，经济和社会两方面都凋敝。诗歌生动地反映了江南社会的变迁：

---

[1] 陈旅：《安雅堂集》卷九《江淮等处财赋都总管府题名记》，台湾商务印书馆影印文渊阁四库全书。

[2] 郑元祐：《侨吴集》卷一二《畲山老人墓诘铭》，台湾商务印书馆影印文渊阁四库全书。

[3] 《元史》卷四三《顺帝纪六》，中华书局1976年点校本。

客来自吴土，示我吴侬言。
吴侬岁苦水，谓是太湖翻。
太湖四万顷，三江下流泄。
疏瀹久无人，淤污与海绝。
东风一鼓荡，暴雷如颓城
屋扉蚌蛤上，畦畎鱼龙争。
嘉种不得入，种亦悉烂死。
民事何所成？食天俱在水。
富豪仅藏蓄，官府更急粮。
贫窭徒艰馁，妻子易徙乡。
散行向淮壖，随处拾稆粟。
虽然远乡土，恐可完骨肉。
东吴本富盛，数岁偶凋残。
…………
国家自充实，财赋有渊薮。
…………
何人讲平准，何人议河渠。
荒政固有典，水利复有书。
…………
何时水幸退，我得刈稻禾。

水退泥尽出，草屩更捞虾。
我思告朝廷，来岁不可待。
毋庸水争地，便放江达海。
客今听我言，我欲解侬忧。
所争但一水，民气庶今瘳。
自从唐季来，吴越无兵械。
至于宋南徙，淮蜀此都会。
大田连阡陌，居第拟侯王。
锦衣照车骑，玉食溢酒浆。
居然甲东南，遂以侈济侈。
掊克自此多，凋瘵亦以起。
天宁不汝恤，有此水潦淫。
要令沃土瘠，[1]民得生善心。
岂惟生善心，且用戒掊克。
采诗观民风，愿踵太史职。[2]

吴莱是浙江浦阳（今浙江浦江）人，元集贤殿大学

[1] 此当为瘠土沃。

[2] 吴莱:《渊颖集》卷三《方景贤回吴中水涝甚戏效方子清侬言》，商务印书馆四部丛刊本。

士吴直方之子。元仁宗延祐七年（1320），他以《春秋》举礼部，不利，隐居深山，以著述为务。这首诗歌描述太湖一次大水导致水田绝收，富民仅仅有盖藏，贫者向江淮流徙，妇女小孩以捡拾稻穗为生。即使水退也都是涂泥，无法下种。东南本富庶，数年来偶有大水，导致经济、民生凋敝。京师国计民生依赖东南，百姓衣食，全靠天时地利。可是谁来讲求平准、水利、荒政？沟洫、荒政，文献俱在，就是放江水达海，不要与水争地。吴中地区，自唐季以来，鲜有兵乱。蜀、淮、吴中为天下都会。大户人家兼并土地，锦衣玉食，甲第比拟王侯，并且奢靡，富庶甲东南。从此，国家向东南征求无厌，经济社会因此开始凋敝。要想吴中土地肥沃，民众要克服奢靡，国家也要减少对东南的征求、剥削。

吴中士人领袖郑元祐诗歌云："昔时兼并家，夜宴弹箜篌。今乃呻吟声，未语泪先流。委肉饿虎蹊，于今三十秋。亩田昔百金，争买奋智谋。安知征敛急，田祸死不休。膏腴不论值，低洼宁望酬。卖田复有献，惟恐不见收。日觉乡胥肥，吏台起高楼。”[1] 此诗同样道出吴赋重的原因及后果。

郑元祐还说：“旧号兼供而以财雄吴下者，数年来困于诛求，殚于剖剥，至荡析奔溃，父子兄弟不相保”[2]“江南归职……六七十年……然其间衰荣代谢，何有于今日人事之亏成，天运之更叠，非惟文献故家牢落殆尽，下逮民旧尝脱编户齿士籍者，稍觉衣食优裕者，并消歇而靡有孑遗。若夫继兴而突起之家，争推长于陇亩之间，彼衰而此盛，不为少矣”[3]。他指出自元平南宋，江南归于元版图，六七十年来，江南人民变得贫困。当然也有一些新贵产生，社会变迁剧烈。余阙说：“东南民力，自前已谓之竭矣，况今三百余年，昔之盛者衰，登者耗，今其贫者力作以苟生……其穷而无告甚于前世益远矣。”[4] 余阙此文作于至正十二年

---

[1] 郑元祐：《侨吴集》卷一《送刘长洲》，台湾商务印书馆影印文渊阁四库全书。

[2] 郑元祐：《侨吴集》卷一一《前平江路总管道童公去思碑，代贡推官作》。

[3] 郑元祐：《侨吴集》卷八《鸿山杨氏族谱序》，台湾商务印书馆影印文渊阁四库全书。

[4] 余阙：《青阳集》卷二《送樊时中赴都水庸田使序》，台湾商务印书馆影印文渊阁四库全书。

（1352）。余阙认为，东南民力从宋仁宗时就已经开始衰竭，迄今已达三百余年，富家大族的社会和经济地位不断地发生变迁，昔日富家大族衰落了，发达者消耗殆尽，贫者力作苟且偷生，穷苦人家叫天天不应、叫地地不灵，比前代还要多。诗句“江南乔木几家存”[1]可以概括他们对这个问题的认识。总之，江南赋重漕重民困，是江南籍官员学者提倡西北水利的主要原因。

二、江南籍官员学者关于元代北方经济落后之认识

江南籍官员学者提倡发展西北水利的原因之二，是他们认为，大都坐食，或者说大都仰给江南漕运海运粮，北方没有发挥人力和地利的作用。

他们承认海运对大都粮食供应的功绩，却不满于国家对东南尽地而取的海运政策：“世祖皇帝岁运江南粟以实京师……于今五十年，运积至数百万石以为常。京师官府众多，吏民游食者，至不可算数，而食有余，

[1] 郑元祐：《侨吴集》卷二《送范子方掌故》，台湾商务印书馆影印文渊阁四库全书。

贾常平者，海运之力……奈何使东南之人竭力以耕，尽地而取，而使之岁蹈不测之渊于无穷乎？”[1] 对尽取东南财赋税粮以供京师，表示深深的不满。

有些学者认为，“古者甸服，度地远近，制为总秸粟米之赋，九州方物之贡，以水致于京师，皆重民力也”。古代国家，根据各地距离京师远近，制定赋税种类和数量。距离京师近或较近的，交纳粮食、饲料等粗笨、分量重的物品。距离远的，交纳各地的土特产，仅仅表示对天子的尊重，表达朝宗的意思，就是朝贡。而且各地贡品都是通过水路到达京师，目的是节省、爱惜民力。元朝“国家建都于燕，岁转输东南米以实之”，这种方法劳民伤财，不可长久。应该“悬重利，使贾人自致粟”于京师，即依靠商业贸易，为京师提供粮食等物资，以重民力，爱惜民力。[2]

有些学者明确表示对国家用海运粮供给京师游食之民的不满。元中后期吴中文人领袖郑元祐说：“京畿

---

[1] 虞集：《道园学古录》卷六《送祀天妃两使者序》，商务印书馆四部丛刊本。

[2] 陈旅：《安雅堂集》卷七《旌德县便民政绩记》，台湾商务印书馆影印文渊阁四库全书。

之大，臣民之众，梯山航海，云涌雾合，辏聚辇毂之下，开口待哺以仰海运，于今六七十年矣”[1]“（海运）其初不过若干万，兴利之臣岁增年益，今乃至若千万，于是畿甸之民，开口待哺以讫于今……此柄国者因循至于今，而悉仰东南之海运，其为计亦左矣”[2]。大都人口众多，南方人长途跋涉，船行海上，把粮食运送到大都，大都仰食东南有六七十年。初期不过几万石，后来至若千万石，京师之民，像鸟类一样嗷嗷待哺，制定政策者计谋不当。郑元祐直接说，这种基本国策是“左计”，后人说郑元祐“优游吴中几四十年……时玉山主人（顾仲瑛）草堂文酒之会，名辈毕集，记序之作多推属焉，东吴碑碣有不贵馆阁而贵所著者”[3]。他对大都仰食海运粮的不满，实则代表一大批东南士人的态度。

吴师道，江浙行省婺州兰溪（今浙江金华）人，

[1] 郑元祐:《侨吴集》卷一一《前海道都漕万户大名遍公进爱碑》，台湾商务印书馆影印文渊阁四库全书。

[2] 郑元祐:《侨吴集》卷八《送徐元度序》，台湾商务印书馆影印文渊阁四库全书。

[3] 顾嗣立:《元诗选》初集卷五二《郑提学元祐》，台湾商务印书馆影印文渊阁四库全书。

师事金履祥，与柳贯、许谦往来密切。又与黄溍、吴莱等往来唱和。元至治元年（1321）登进士第，历任高邮县丞、宁国府录事、建德县尹，所在有惠政。后来任国子助教，延祐间为国子博士，晚年以礼部郎中致仕。他在《国学策问》中向国子生发问：

> 问：先王之治，崇本抑末，惰游有禁。况于京师者，四方之所视效，其俗化，尤不可以不谨也。今京城之民，类皆不耕不蚕而衣食者，不惟惰游而已，作奸抵禁，实多有之。而又一切仰县官转漕，名为平粜，实则济之。夫其疲民力冒海险，费数斛而致一钟，顾以养此无赖之民，甚无谓也。驱之尽归南亩，则势有所不能；听其自食而不为之图，则非所以惠恤困穷之意，繄欲化俗自京师始，民知务本而国无耗财，则将何道而可？愿相与闻之。[1]

此段大意为：京城之民，多为不耕不蚕而衣食者。他

[1] 吴师道：《礼部集》卷一九《国学策问四十道》，台湾商务印书馆影印文渊阁四库全书。

们不仅仅是懒惰、游食之民，其中作奸犯科者，所在多有。京师粮食供应，全都依赖国家转漕东南，名义上是平价出售给他们，实际就是给予他们。东南人民冒着海上风涛之险，跋山涉水，运输粮食到京师，费数石，才能运输一石到大都，养活这些无赖者，太没有意义了。如果驱使他们都去种地，不现实；让他们自食其力，又不为他们设计可行的方法，也不行。移风易俗，自京师始。各位国子生，有什么好方法?

国学策问的对象，是出身于蒙古贵族的国子生，吴师道名义上是向国子生征求意见，但实际上他心里也许有答案，比如修水利。不过，吴师道要有足够的根据和胆量才能说出这番话。他明确表示反对国家用海运粮供应京城“不耕不蚕而衣食者”。

吴师道也考虑和籴。另外一道策问说:“问：京师生齿太众，籴价常贵，欲强使之减贱，不可得也。今岁南船沓至，贩区盈溢。精凿之米，至与太仓陈积，其价相若。前此所未有也。颇闻外郡旱歉，道多流民，赈贷之事，行将有不免。古之善积者，人弃我取，贱极而贵，物理则然。广储蓄以豫为之防，可也。为有司计，必出于和籴。和籴则重扰烦，而米且不至矣。

然则便利之宜，变通之方，若何而可？”[1] 京师人口众多，米价贵，如果硬要使米价便宜，不行。今年南方漕船纷至沓来，商贩贩卖多。精米价格低了，与陈米价格一样，前所未有。听说外地多有旱灾，流民奔走于道路上，国家将有赈济之政治。他认为，应该在粮食丰收时，广储蓄，预防旱灾。可是政府和籴，会招致一些弊端，反而运不来大米。那到底有什么方法？关于和籴，他还没有考虑清楚。这说明吴师道对如何解决京师粮食供应问题，考虑得比较全面，认为除了发展水利这一途经，还有和籴方法。

江南籍官员学者认为，大都仰食江南海运粮，主要是因为北方没有充分发挥其人力和地利的作用。江南籍官员学者往来大都和江南之间，通过观察和比较，发现北方有些地区没有发挥民力、地利之便。虞集说道：“予北游，过江淮之间，广斥何啻千里，海滨鱼盐之利，足备国用。污泽之潴，衍隰之接，采拾渔弋，足以为食。岁有涨淤之积，无待于粪。盖沃地而民力地利殊未尽。汉以来屯田之旧，虽稍葺以赡军事，其

[1] 吴师道：《礼部集》卷一九《国学策问四十道》，台湾商务印书馆影印文渊阁四库全书。

在民间者，卤莽甚矣。麦苗之地，一锄而种之，明年晴雨如期，则狼戾可以及众。不捍水势，则束手待毙，散去而已。其弊在于无沟洫以时蓄泄，无堤防以卫冲冒。耕之不深，耨之不易，是以北不如齐鲁桑蚕之饶，南不及吴楚杭稻之富，非地之罪也。谁之为地而致其治之之功？”[1] 虞集较早认识到江淮间“人力地利殊未尽”，并萌发应该致力于西北农田水利的思想。

吴师道在京师为官期间，发现“今京城之民，类皆不耕不蚕而衣食者，不惟惰游而已，作奸抵禁，实多有之。而又一切仰县官转漕，名为平粜，实则济之”[2]。元代京师居民多不事生产，也有作奸犯科者，完全依赖政府接济。而汉、唐、宋时期，“中州提封万井，要必力耕以供军国之需”。郑元祐对元实行海运后北方生产的衰退大胆地提出了质疑：“如之何海运既开，而昔之力耕者皆安在？”[3] 赵汸则指出：“大河以北，

---

[1] 虞集:《道园学古录》卷三九《新喻萧淮仲刘字说》，商务印书馆四部丛刊本。

[2] 吴师道:《礼部集》卷一九《国学策问四十道》，台湾商务印书馆影印文渊阁四库全书。

[3] 郑元祐:《侨吴集》卷八《送徐元度序》，台湾商务印书馆影印文渊阁四库全书。

水旱屡臻，流亡未复，居民鲜少。五帝三王之所井牧，燕、赵、齐、晋、梁、宋、鲁、卫之所资以为富强，其遗墟古迹，多芜没不治，安得衮衣博带、从容阡陌间，劳来绥辑，复如中统、至元时哉！”[1]如今，黄河以北灾荒屡至，流民未复业，人口稀少，而这些地方，正是古代燕、赵、齐、晋、梁、宋、鲁、卫之地。如今多荒芜不治，还不如中统至元时司农司劝农使劝课农桑有效。他在对元世祖时地方官员劝课农桑的向往中，表示了对北方没有发挥人力、地利的不满。

对此，北方官员也有看法。王祯《农书·灌溉篇》云：“范阳有旧督亢渠，渔阳燕郡有故戾陵诸堰，……其地京都所在，尤宜疏通导达，以为亿万衣食之计。”先前范阳有督亢渠，渔阳郡有戾陵诸堰，尤其应该发展农田水利。有些官员对都水监和司农司等农田水利专门机构的工作成效提出批评，如至顺三年（1332）宋本在记述都水监的建置沿革事功时指出：“水之利害，在天下可言者甚夥。姑论今王畿，古燕赵之壤，吾尝行雄、莫、镇、定间，求所谓督亢陂者，则固已

[1] 赵汸：《东山存稿》卷二《送浙江参政契公赴司农少卿序》，台湾商务印书馆影印文渊阁四库全书。

废。何承矩之塘堰，亦漫不可迹。渔阳燕郡之戾陵诸堨，则又并其名未闻……潞之沽口，田下可胜以稻，亦有未举者。”[1] 宋本是大都人，但是他发现北方水利不修的问题，他亲历雄县（今雄安新区）、莫州（今河北任丘）、镇州（今河北正定）、定州（今河北定州）之间，宋代河北塘泊漫无踪迹，汉代戾陵堰到元代时连名字都闻所未闻。潞县，即今通州。沽口，在今天津，与潞县不是一地。宋本把沽口与潞县误认为一地。他了解北方水利不修的大概情况。后至元六年（1340）王沂批评陕西“田耕井饮”的落后。[2] 至正六年（1346）许有壬记述司农司新官署时说：“司农之立七十七年，……其效亦何如哉？今天下之民果尽殷富乎？郡邑果尽职乎？风纪果尽其察乎？见于簿书者果尽于其说乎？……思所以责其实、保其完、举其仆、苴其漏乎？方今农司之政其概有三：耕藉田以供宗庙之粢盛，治膳羞以佐尚方之鼎釜，教种植以厚天下之民生。”[3]

---

[1] 许有壬：宋本《都水监记事》，《元文类》卷三一，国学基本丛书本。

[2] 王沂：《伊滨集》卷一九《祀西镇记》，台湾商务印书馆影印文渊阁四库全书。

[3] 许有壬：《至正集》卷四四《敕赐大司农司碑》，台湾商务印书馆影印文渊阁四库全书。

大司农司成立七十七年，民未尽殷富，郡县未尽职责，风纪未尽考察，农桑文册未必真实。他对司农司劝课农桑工作成效的怀疑，说明北方没有充分发挥其人力地利，是一个广泛受到注意的问题，江南籍官员学者对此不过有更强烈的感受而已。

三、江南籍官员学者发展西北水利的主张、实质及影响

基于以上认识，江南籍官员学者提出减赋节用和发展三吴水利等思想主张，但最主要的是提出发展西北水利，就近解决京师粮食供应的思想主张。

虞集最早提出发展西北水利，他认为“江淮……不如齐鲁桑蚕之饶，南不及吴楚粳稻之富，非地之罪也，谁之为地而致其治之之功？”[1]，体现其萌发了发展北方水利的思想。泰定元年（1324）或四年（1327），虞集在《会试策问》中公开提出了发展西北水利的思想主张：“五行之才，水居其一，善用之，则灌溉之利，

[1] 虞集:《道园学古录》卷三九《新喻萧淮仲刘字说》，商务印书馆四部丛刊本。

瘠土为饶。不善用之，则泛滥填淤，湛渍啮食。兹欲讲求利病，使畿辅诸郡，岁无垫溺之患，悉而乐耕桑之业，其疏通之术何先？使关陕、河南北，高亢不干，而下田不浸，其潴、防、决、引之法何在？江淮之交，陂塘之际，古有而今废者，何道可复？愿详陈之，以观诸君子用世之学。”[1]水是物质，善于利用水，则农田有灌溉之利，不善用水则泛滥填淤。怎样恢复关陕京师，是虞集关心的问题。这道策问因其符合“有系于政治、有补于世教”[2]的选材标准，被苏天爵编入《元文类》，在比较广泛的范围内得到传播。泰定帝初年，虞集为泰定帝讲经，[3]五年（1328）兼国子祭酒，[4]“尝因讲罢，论京师恃东南粮运为实，竭民力以航不测，非所以宽远人而因地利也”[5]，向泰定帝建言发展京畿农田水利。天历二年（1329）又两次提出发展西北水利。比虞集稍晚的郑元祐，也是发展西北水利的积极倡导

[1] 虞集：《会试策问》，《元文类》卷四六，国学基本丛书本。

[2] 陈旅：《国朝文类序》，商务印书馆四部丛刊本。

[3] 《元史》卷一八一《虞集传》，中华书局1976年点校本。

[4] 赵汸：《东山存稿》卷《邵庵先生虞公行状》，台湾商务印书馆影印文渊阁四库全书。

[5] 《元史》卷一八一《虞集传》，中华书局1976年点校本。

者，他的思想代表了一大批吴中富户的思想。

江南籍官员学者认为，国家盛衰与水利有关：“神禹尽力沟洫，制其畜泄导止之方，以备水旱之虞者，其功尚矣。然而，因其利而利之者，代各有人，故郑渠凿而秦人富，蜀堰成而陆海兴。汉唐循良之吏，所以衣食其民者，莫不以行水为务”[1]“周以后稷兴，故其子孙有天下，于郊庙荐享其功烈，而被之诗者，一以农事为言……故能历祀八百，与夏商比隆也。秦起，号富强，盖其民不耕则战。汉以孝悌力田选士，故其得士为多。赵充国平西戎，建置屯田，边费为省。降是，莫不以屯田致富强也”。周代始祖弃，为农师重视农业，教民种植庄稼，周代因此兴起，后人尊称他为后稷。后代子孙夺取天下后，在宗庙祭祀祖先时，歌颂后稷的农功。所以周能立国八百年，与夏商比隆。秦朝奖励农耕和战斗有功，号称富强。汉代选拔人才，重视孝悌力田，故人才兴盛。赵充国平定西戎，设立屯田，节省兵费，后代多重视屯田。“我朝起朔漠，百有余年间，未始不以农桑属急务”。元初起自沙漠，建国

[1] 虞集：《会试策问》，《元文类》卷四六，国学基本丛书本。

伊始，重视农桑。周秦汉唐以及元初之兴盛富强，皆因发展西北农功水利。但是元中期以后完全依赖海运，对此他们提出：“如之何海运既开，而昔之力耕者皆安在？此柄国者因循至于今，而悉仰东南之海运，其为计亦左矣。”[1]元代利用海运漕运东南粮食，结果北方农业生产力下降，这种政策沿用百余年，弊端渐见。这都是因为当初开国时当政者谋划国家大计，计谋不周全。他们对海运后西北田土不耕水利荒废政策表示不满。

他们论证了发展西北水利的必要和可能：“今畿辅东南，河间诸郡地势下，春夏雨霖，辄成沮洳。关陕之郊，土多燥刚，不宜于暵。河南北平衍广袤，旱则赤地千里，水溢则无所归……兹欲讲求利病，使畿辅诸郡，岁无垫溺之患，悉而乐耕桑之业……使关陕、河南北，高亢不干，而下田不浸……江淮之交，陂塘之际，古有而今废”[2]“京师之东，滨海数千里，北极

[1] 郑元祐：《侨吴集》卷八《送徐元度序》，台湾商务印书馆影印文渊阁四库全书。

[2] 虞集：《会试策问》，《元文类》卷四六，国学基本丛书本。

辽海，南滨青齐，萑苇之场也，海潮日至，淤为沃壤”[1]，即京师东南河间等地势低洼处，关中陕西之郊土壤干燥，黄河南北平衍之处，或者需要兴修水利，或者需要先除积水，江淮和京东海滨之处，都可发展农田水利。

他们还论述了西北水旱灾害的严重，以及发展水利的自然条件。西北能否发展水稻生产？“水有顺逆，土有柔坚。或者谓北方旱寒，土不宜稻。然昔苏珍芝尝开幽州督亢旧陂矣，尝收长城左右稻租矣。隋开皇间长城以北，大兴屯田矣。唐开元间，河北、河东、河西左右屯田，岁收尤为富赡。由此言之，顾农力勤惰如何，不可以南北限矣。”[2]北方水利，郑元祐记事有点不太准确，把二事合而为一，但大体意思不差。有人说北方旱寒，不适宜种植水稻。他历数北齐至唐玄宗开元天宝年间北方屯田的历史。这些事，《通典》都有记载：北齐废帝乾明（560）时，尚书左丞苏珍芝议修石鳖等屯，岁收数十万石，自此，淮南军防粮足。次年，平州刺史嵇晔建议开幽州督亢旧陂（即范阳郡

[1] 《元史》卷一八一《虞集传》，中华书局1976年点校本。

[2] 郑元祐：《侨吴集》卷八《送徐元度序》，商务印书馆四部丛刊本。

范阳县界）长城左右营，岁收稻粟数十万石，北境得以周赡。武成帝河清三年（564），诏缘边城守堪垦食者营屯田，开设屯田。隋文帝开皇三年（583），令朔方总管赵仲卿于长城以北大兴屯田。唐开元二十五年（737），令诸屯隶司农寺者，每二三十顷为一屯，隶州镇诸军者，每五十顷为一屯。天宝八年（749），天下屯收百九十一万石，其中关内五十六万石，河北四十万石，河东二十五万石，河西二十六万石。因此，他认为一切都事在人为，不可以南北为限，批驳了以南北限水利的说法，认为历史上北方能发展西北水利，元朝也应该能够发展西北水利。

他们提出发展西北水利的具体方案以及预期效果，具体方法是“用浙人之法，筑堤捍水为田，听富民欲得官者，合其众分授以地，官定其畔以为限。能以万夫耕者，授以万夫之田，为万夫之长，千夫、百夫亦如之”[1]“京师之东，萑苇之泽，滨海而南者，广袤相乘可千数百里，潮淤肥沃，实甚宜稻，用浙闽堤圩之法，则皆良田也。宜使清强有智术之吏，稍宽假之，

[1] 《元史》卷一八一《虞集传》，中华书局1976年点校本。

量给牛种农具，召募耕者，而素部分之，期成功而后税”[1]。从南方招募农师，到北方指导开发水利。政府给予农民种子、农具，先免税，三五年后再起征。另外，要安排好江南农师在北方的生活：“吴下力田之民，一旦应召募，捐父母弃妻子，去乡里，羁栖旅，欲其毕志于耕获，虽岁月不堪久，然亦必使之有庐井室灶，有什器医药，略如晁错屯边之策，庶乎人有乐生之心，无逆旅之叹。”[2]即要给农师房屋、医药、什器等。

他们预想西北水利的预期效果“可收游惰弭盗贼，而强实畿甸之东鄙，如此，则其便宜又不止如海运者”[3]“东面民兵数万，可以近卫京师，外御岛夷；近宽东南海运，以纾疲民；遂富人得官之志，而获其用；江海游食盗贼之类，皆有所归”[4]，即在海滨荒芜之地开垦农田，兴修水利，渐成聚落，民即为兵，民兵可

[1] 虞集：《道园学古录》卷六《送祀天妃两使者序》，商务印书馆四部丛刊本。

[2] 郑元祐：《侨吴集》卷八《送徐元度序》，台湾商务印书馆影印文渊阁四库全书。

[3] 虞集：《道园学古录》卷六《送祀天妃两使者序》，商务印书馆四部丛刊本。

[4] 《元史》卷一八一《虞集传》，中华书局1976年点校本。

近卫京师，外御倭寇；近宽东南海运，满足富人当官之心愿，同时使江海之盗贼有生业，成为农民。其经济效益是就近解决大都的粮食供应，从而缓解江南赋重民贫问题，其社会效益则是提高富人的社会地位，吸收游民，稳定社会。

江南官员学者的西北水利思想没有得到统治核心层的支持。当泰定五年（1328）虞集提出发展西北水利时，“议定于中”，但是“说者以为一有此制，则执事中必以贿成，而不可为矣。事遂寝”[1]。有人认为，如果招募富民种植水稻，可能会发生贿赂，于事不利，所以此事就停下来了。天历二年（1329）陕西大灾，“帝问（虞）集何以救关中”，虞集建议“大灾之后，土广民稀，可因之以行田制，择一二知民事者为牧守，宽其禁令，使得有属，因旧民所在，定城郭田里，治沟洫畎亩之法，招其流亡，劝以树艺，数年之间，复其田租力役，春耕秋敛，量有所助。久之，远者渐归，封域渐正，友望相济，风俗日成，法度日备，……天

[1]《元史》卷一八一《虞集传》，中华书局1976年点校本。

子称善”[1]。他提出，大灾之后择通晓农事者为牧守，趁机在关中发展水利，招募流民，劝其耕种，免田租力役，给予种子、牛力，移风易俗。元文宗觉得他的主意很好。他向文宗提出：“幸假臣一郡，试以此法行之，三五年间，必有以报朝廷者。”但是“左右大臣言，虞集此举，是欲辞官，文宗遂罢其议”[2]。虞集受知于元文宗，他屡乞外任，皇帝都不许；他曾想到吴越为祖先修坟墓，不许；山东曲阜孔林修大成殿，他想充公使去上香，文宗也不许，说“是欲为归计尔”[3]。至顺元年（1330），虞集感到“无益时政”，于是辞官，文宗说：“卿等其悉所学，以辅朕志。若军国机务，自有省台院任之，非卿等责也。其勿复辞。”[4]明确宣布不准许他们议论时政。在元朝，特别是在元文宗粉饰文治的政治中，江南籍官员只是备员而已，他们提倡发展西北水利的主张，无论是否关乎国计民生，都不可能引起最高统治集团核心层的重视。

---

[1] 欧阳玄：《圭斋文集》卷九《元故奎章阁侍书学士翰林侍讲学士通奉大夫虞雍公神道碑》，商务印书馆四部丛刊本。

[2] 《元史》卷一八一《虞集传》，中华书局1976年点校本。

[3] 罗鹭：《虞集年谱》，凤凰出版集团，2010年，第106页。

[4] 《元史》卷一八一《虞集传》，中华书局1976年点校本。

当至正十二年（1352）海运不通时，宰相脱脱建议："京畿近地水利，召募江南人耕种，岁可得粟麦数百万余石，不烦海运而京师足食。"[1] 十三年正月，朝廷实施西北水利，遣使从江浙、淮东等处，招募能种水田及修筑围堰之人各一千名，为农师，教民播种。农师可以招募农夫，以招募多少定官品。[2] 此时，虞集已去世五年，江南籍学者把西北水利的希望寄托在江南农师身上，郑元祐显得有些伤感，"余老矣，尚庶乎其或见之"[3]；陈基则对西北水利前景相当乐观，他说京畿水利"驱游食之民，转而归之农，使各自食其力，变泻卤为稻粱，收干戈为耒耜……将见漳水之利不专于邺，泾水之功不私于雍"[4]，十五年（1355）时又说，西北水利成功后，"将见中土之粟，又百倍东南矣。岁可省夏运若干万，分镶淮楚，因时变通，以

[1] 《元史》卷四二《顺帝纪五》，中华书局 1976 年点校本。

[2] 《元史》卷四三《顺帝纪六》，中华书局 1976 年点校本。

[3] 郑元祐:《侨吴集》卷八《送徐元度序》，台湾商务印书馆影印文渊阁四库全书。

[4] 陈基:《夷白斋稿》卷一五《送强彦粟北上诗序》，上海书店四部丛刊三编本。

攒漕运，此千载一时”[1]。京畿水利当年得谷二十余万石，[2]只能解决很少的京粮问题。张士诚占据东吴，东吴士人不再忠于朝廷，“东吴当元季割据之时，智者献其谋，勇者效其力，学者售其能，惟恐其或后”[3]，原先力倡西北水利的郑元祐，进入张士诚幕府，“最为一时耆宿”[4]。至正十九年（1359），“元遣使以御酒、龙衣赐（张）士诚，征海运粮，自是（张）士诚每岁运粟十余万至燕京”。当“至正二十三年（1363），（张）士诚自称吴王，请命于元，不报”，张士诚希望朝廷同意他为吴王，朝廷不予理睬。因此，他拒绝提供海运粮，“自是征粮不与”[5]，这未必没有东吴士人之“谋”的因素，这也清楚地说明了江南籍学者讲究西北水利的初衷。

最后，需要指出：

---

[1] 陈基：《夷白斋稿》卷一五《送李德中序》，上海书店四部丛刊三编本。

[2] 《元史》卷一八七《乌古孙良桢传》，中华书局1976年点校本。

[3] 钱溥：《云林诗集序》序，《常郡八邑艺文志》卷五下，清光绪十六年刻本。

[4] 顾嗣立：《元诗选》初集卷五二《郑提学元祐》，台湾商务印书馆影印文渊阁四库全书。

[5] 王鏊：《姑苏志》卷三六《平乱》，商务印书馆，2013年。

第一，元朝江南籍官员学者的西北水利思想，其实质是江南人对东南和西北两大区域经济发展与赋税负担不均问题提出的一种解决方案。从今天经济社会发展角度看，它涉及区域经济持续发展与生态环境变迁等问题。

第二，虞集是元朝江南籍官员学者中倡导西北水利的代表，其思想主张被明清江南籍官员学者如徐贞明、徐光启等继承和发展，因为明清时期东南与西北两大区城，同样存在着因生态环境与经济社会发展不平衡所造成的赋税负担不均问题，以及由此产生的人们思想上的矛盾。对此，作者已另有专文论述，此不赘述。

元明清时期西北水利的理论与实践

我国西北、华北处于干旱半干旱地带，水的时空分布极不均衡，使西北、华北农业面临着水资源短缺的挑战。农业是西部的主导产业，西部开发的关键问题是水资源问题。学术界对于如何解决西部开发中的水资源短缺问题已经提出了许多好的建议。这里，还有一个重要方面，即西部开发的关键是如何解决水资源的短缺问题。古代国家在解决西北旱地用水、蓄水、分水问题上的理论与实践及其现代借鉴价值尚需要专门研究，总结历史上西北水利的理论与实践，对于今日西部开发中最关键的水资源问题的解决，具有借鉴价值。元朝在陕西省兴元路和泾渠都设置了河渠司，河渠司制定“分水”“用水则例”，统一管理分配渠系内的水资源；明清时期，由于西北华北气候干旱日益严重，农学家徐光启、王心敬等对水的自然循环系统和水旱的周期认识更加深入，分别提出了旱田用水五法和井利说，这对于在河渠水利不足时扩大农田水利的供给水源，起到了积极的推动作用。

一、元朝陕西河渠司“分水”“用水则例”的作用

元朝，国家在陕西行省设置泾渠河渠司。河渠司制定使水法度，以管理、维护、分配农业用水。至元九年（1272），世祖降旨：各路水利河渠修成后“先从本路定立使水法度，须管均得其利，拘该开渠池面诸人不得遮当，亦不得中间沮坏，如所引河水干障漕运粮盐，及动磨使水之家，照依中书省已奏准条画定夺，两不相妨”[1]。这指示了制定“使水法度”的一般原则。本路正官和河渠司制定使水法度后，再由皇帝下诏允准。“至元九年至十一年（1272—1274），二次准大司农札付劝农官韩副使耀用、宋太守等官一同讲究使水法度，王准，中书省以为定例。”这次修订的“使水法

[1] 《元典章》卷二三《户部九 · 兴举水利》，古籍出版社 1957 年刻本。

度”，元人称之为“至元之法”，我们可以称之为“至元《用水则例》”。至元十一年（1274），大司农司和中书省曾要求陕西屯田总管府兼管河渠司官员“依泾水例，请给申破水直”，制定石川河的使水规则。[1]

泾渠河渠司的“分水”“用水则例”的主要内容如下：

（一）立三限闸以分水

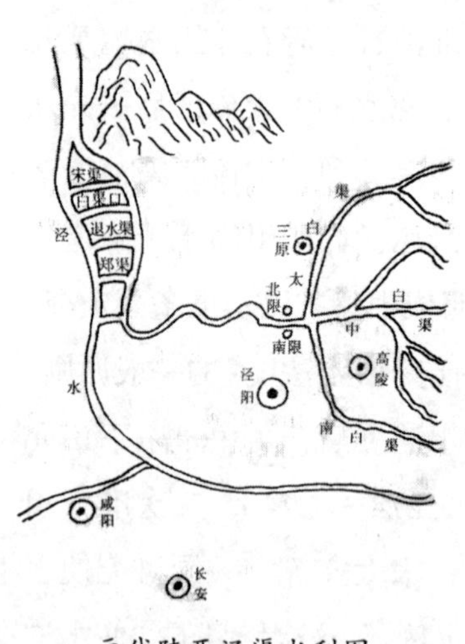

元代陕西泾渠水利图

自秦、汉至唐、宋以至元朝，泾渠实行立限分水制，使泾渠流经的五县，普沾灌溉之利。“自泾阳县西仲山下截河筑洪堰，改泾水入白渠，下至泾阳县北白公斗，分为三限，并平石限，盖五县分水之要所。北限

[1] 李好文：《长安志图》卷下《渠堰因革》，清经训堂丛书本。

入三原、栎阳、云阳。中限入高陵，南限入泾阳。浇灌官民田七万余亩。”[1]三限口在泾阳县东北，南北限分渠处。[2]分限，就是分水之界限。有三限口和平石限两个分水关口。由此有太白渠、中白渠、南白渠等分渠，各分渠又有支渠若干。为防止分水不公，每年分水时节，各县正官一员“亲诣限首，眼同分用”，监视各县公平分水。[3]分水的仪式，体现分水的庄严性、庄重性，以及州县官员和民间百姓对分水的重视。

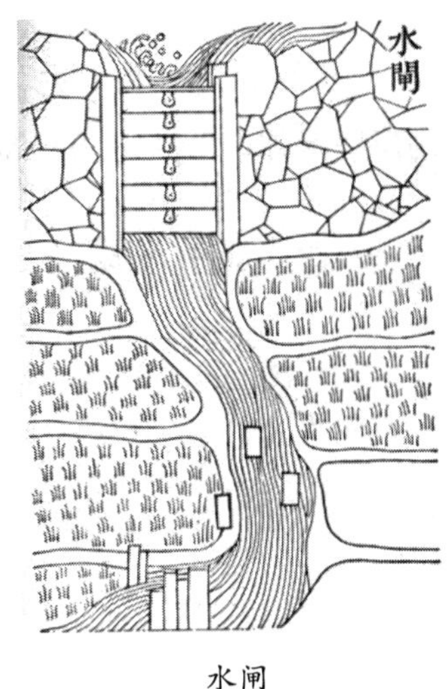

水闸

选自《农政全书》卷一七《水利》

（二）立斗门以均水

斗门即闸门，设于渠堰上以引水。泾渠各

[1] 《元史》卷五《洪口渠》，中华书局1976年点校本。

[2] 宋敏求：《长安志》卷一七《泾阳》，台湾商务印书馆影印文渊阁四库全书。

[3] 李好文：《长安志图》卷下《洪堰制度》，清经训堂丛书本。

分渠、支渠上共有斗门135个。“凡水出斗，各户自以小渠引入其田，委曲必达”，即农户都在斗门上再开小渠，引水灌田。斗门由巡监官及斗门子看管。[1]斗门子，就是看守闸门的人夫。

（三）修理堤岸

“凡修渠堰，自八月兴工，九月毕工。春首植榆柳以坚堤岸。”这些工作，都要求使用水利之户出夫。[2]

（四）探量水深尺寸，申报河渠司

“凡水广尺、深尺谓之一徼。以百二十徼为准，守者以度量水，日具尺寸，申报所司。凭以布水，各有差等”，因为“三限、平石两处，系关防分水禁限”。故在探量三限口、平石两处，设水直人夫和监户，看守限口，“每日探量水深尺寸，赴河渠司申报”。这些值班人夫和监户，每日都要探测水的深度尺寸，报告河渠司。河渠司再根据水的丰枯决定分水量，水盛则多给，水少则少给。

[1] 李好文:《长安志图》卷下《洪堰制度》，清经训堂丛书本。

[2] 李好文:《长安志图》卷下《洪堰制度》，清经训堂丛书本。

（五）申请用水状子和供水许可

“至元《用水则例》”第一条规定：“凡用水，先令斗吏入状，官给申帖，方许开斗。”这包括申请用水和河渠官允许供水（即供水许可证）两项内容。申请用水，由“上下斗门子，预先具状，开写斗下屯分利户种到苗稼”，即斗门子写明各闸门下，有多少使水利户，庄稼种类、地亩数量，“赴（河）渠司告给水限申帖”，申请用水；供水（供水许可证），由河渠司根据都监、五县监户，以及探量水直人夫探量的水深尺寸及徼数，计算各斗门“合得徼数、刻时”，发给供水申帖。上下斗门子要按照供水许可证开放斗门放水，流毕随即关闭斗门，交付以上斗分（闸门），不许多浇或超时浇水。

（六）放水季节、时间

“至元《用水则例》”第二条规定：“自十月一日放水，至六月遇涨水歇渠，七月住罢”，一年共有八个月的灌溉期。十月浇夏田，三月浇麻白地及秋白地，四月浇麻，五月改浇秋苗。但是，这种规定过于琐碎，有时不顾农户实际。后来有所调整，只要不超过“各人合得水限”，不论浇灌何种作物及顷亩均可。

（七）每夫浇地顷亩

泾渠灌溉用水管理和分配的原则，是以渠水所能灌田的顷亩为总数，分配到上一年度维修渠道的丁夫户田。泾渠的灌溉能力大体固定，即“（唐宋）旧日渠下可浇五县地九千余顷。……即今（至元九年到至元十一年，1272—1274）五县地土亦以开遍，大约不下七八千顷”。“至元《用水则例》”第三条规定：“每夫一名，溉夏秋田二顷六十亩，仍验其工给水。”这种分配水资源的方法，有两个特点：一是量入为出，即根据水量来分配到纳粮土地上，大体上每名出工的农夫，可以灌溉二顷六十亩。二是只有出夫修渠的丁夫土地，才能使用水资源。这些体现了分水制度的效率优先原则。

（八）行水次序

“至元《用水则例》”第四条规定：“行水之序，须自下而上，昼夜相继，不以公田越次，霖潦辍功。”这些规定，体现了分水制度的兼顾公平原则。

（九）违规处罚

至元十一年（1274），大司农规定："若有违犯水法，多浇地亩，罚小麦一石。"至元二十年（1283），修改为："不做夫之家，每亩罚小麦一石；兴工利户，每亩五斗。"至元二十九年（1292），又修改为："违犯水法，不做夫之家，每岁减半罚小麦五斗；兴工利户每亩二斗五升"，另加笞刑每亩笞七下，罪止四十七下。[1] 水是国家资源，只有纳税地亩和出工修渠人夫才可以使用水利。这体现权利和义务对等的原则。

以上是泾渠"至元《用水则例》"的具体内容，明清都曾沿用。

泾渠在当地农业发展中发挥了积极作用。李好文指出了泾渠之利和泾渠用水则例的重要："泾水出安定郡岍头山西，自平凉界来，经彬州新平、淳化二县，入乾州永寿县界，千有余里，皆在高地，东至仲山谷口，乃趋平壤，是以于此可以疏凿，以溉五县之地。

[1] 李好文：《长安志图》卷下《用水则例》，清经训堂丛书本。

夫五县当未凿渠之前，皆斥卤硗确，不可以稼，自被浸灌，遂为沃野，至今千余年，民赖其利”[1]“五县之地本皆斥卤，与他郡绝异，必须常溉，禾稼乃茂。如失疏灌，虽甘泽数降，终亦不成。是以泾渠之例，一日而不可废也”[2]。三原、栎阳、云阳、高陵、泾阳五县土地，必资泾渠水浇灌，才能有收成。否则，即使有降水，庄稼也不丰收。因此，泾渠的用水则例非常重要。泾渠河渠司的分水规则，说明了国家在调节农业用水矛盾中的作用不可取代，它的执行，也表明国家有一定的行政能力。

此外，陕西兴元路（治所在今陕西汉中）河渠司，在管理分配维护农业用水中，发挥了积极作用。兴元路处于汉水上游，水利资源较为丰富，著名的渠堰工程有山河堰。山河堰，又称萧曹堰，因褒水（褒河）又名山河水而得名。相传此偃由汉相国萧何、曹参肇创，历代修复、扩建。绍兴七年（1137）朝廷命帅臣兼领营田，吴玠等修兴元府废堰，营田六十庄，

---

[1] 李好文：《长安志图》卷下《泾渠总论》，清经训堂丛书本。

[2] 李好文：《长安志图》卷下《用水则例》案语，清经训堂丛书本。

计田八百五十四顷，岁收二十五万石，以助军储。[1] 宋孝宗乾道七年（1171），吴拱“修六堰，浚大小渠六十五，复见古迹，溉南郑、褒城田二十三万余亩”[2]。此数字可能有误，元代继续使用山河堰。

元代陕西学者很重视山河堰对兴元路民生的重要性。蒲道元说：“兴元之为郡，其地之广衍，视他大郡不及十之二三，所恃者惟渠堰而已。渠堰之水，兴元民之命脉也。渠堰在在有之，无虑数十，然皆不及山河堰之大，其浇灌自褒城县，竟于南郑县江北之境”，河渠司主管修治渠堰以及分配调节用水，“间有亢旱之年，而无不收之处”；后来减省冗员，河渠司亦被罢废，“自是以来，委之有司，而有司复差设掌水者，率不知水利之人。是以政出多门而不一矣，法生多弊而莫制焉……自下而上浇灌之法废，强得欺弱，富得兼贫，以力争夺，数日之间，倏忽过时，而不及事。官府又不为理，如秦人之视越人之肥瘠。岁稍值旱，惟田近上源之渠者得收，下源远渠者全不收矣。修堰

[1] 《宋史》卷一七六《食货志》

[2] 《宋史》卷九五《河渠志》。王应麟:《玉海》卷二三《地理乾道六偃》记为二十三万余顷，可能有误。光绪九年浙江书局刻本。

之时，下源一例纳木供役，而不得水浇灌。赋税公田之征，定额则不可免。民转沟壑则可知矣”[1]。兴元山河堰的管理，元初设立河渠提举司，很好地保证了平均用水。后来为减少官员，裁撤河渠提举司，把管理河渠的工作交给当地府州县官员。当地官员又设立管水利者，可他们并不专业。结果是原先实行的自下而上浇灌规则被废弃，有钱有势者优先浇灌土地，贫弱者后浇地。时间一长，上游距离渠口近处的土地得到灌溉，下游离渠口远的穷人地亩还未来得及灌溉，就已经没有水了，下游可能颗粒无收。但是从前修渠时，下游民户和上游民户一样，既出劳力，又出木料。结果到了浇灌季节，反而无水灌溉。蒲道元从正反两方面，指出了河渠司在维护分配农业用水中的重要作用。明清以来，山河堰又多次复修加固。1942 年建成褒惠渠，山河诸堰纳入褒惠渠灌区。

[1] 蒲道元:《顺斋先生闲居丛稿》卷一七《论兴元路河渠司不可废》，北京图书馆出版社，2005 年。

二、明清旱田用水五法与井利说的实践效果

明清时期，由于西北气候越发干旱，农学家徐光启、王心敬等对水的自然循环系统和水旱周期的认识更加深入，提出了旱田用水五法理论与井利说，以应对日益干旱的气候。这些理论方法在各地有所实践，取得明显效果。

明万历四十年（1612），徐光启从外国传教士那里学习到蓄积雨雪之水以抗旱的技术方法。《泰西水法》是意大利传教士熊三拔在北京口述、徐光启笔记的一部水利工程专著，专论抽水机械和水井、水库等工程技术要求，徐光启认为这是有益于抗旱的“实学”，故极力推广。[1] 该书所述求泉源之法有四（即气试、盘试、缶试、火试），凿井之法有五（即择地、量浅深、避震气、察泉脉、澄水），试水美恶辨水高下之法有五（即煮试、日试、味试、称试、纸帛试）。[2] 他认为在北方沟洫水利不足时，可以使用水库、水井以蓄积雨雪之水；在

[1] 徐光启:《徐光启全集》卷二《泰西水法序》，中华书局，1963 年。

[2] 徐光启:《农政全书》卷二〇《水利》，岳麓书社，2002 年。

人力、畜力以及中国传统的桔槔、辘轳等机械动力不足时，可以借鉴使用外国的抽水机械。后来他把《泰西水法》中的知识引入旱田用水五法中，使之更加切实可行。

崇祯三年（1630），徐光启上奏《旱田用水疏》，根据他对水的自然循环系统的认识，提出了旱田用水理论："前代数世之后，每患财乏者，非乏银钱也。承平久，生聚多，人多而又不能多生谷也。其不能多生谷者，土力不尽也；土力不尽者，水利不修也。能用水，不独救旱，亦可弭旱……不独救潦，亦可弭潦……不独此也，三夏之月，大雨时行，正农田用水之候，若遍地耕垦，沟洫纵横，播水于中，资其灌溉，必减大川之水……故用水一利，能违数害。调燮阴阳，此其大者……用水之术不越五法。尽此五法，加以智者神而明之，变而通之，田之不得水者寡矣，水之不为田用者亦寡矣。用水而生谷多，谷多而银钱为之权。当今之世，银方日增而不减，钱可日出而不穷。"

"旱田用水五法"，指的是用水之源、用水之流、用水之潴、用水之委、作原作潴以用水，每一方法都有细目，共计二十八条。用水之源，就是用水的源泉，即山下出泉和平地仰泉，具体用法有六条；用水之流，就是用水的支流，如江、河、塘、浦、泾、浜、港、汊、沽、沥等，具体用法有七条；用水之潴，就是用水之积潴，如湖、荡、淀、海、波、泊等，具体用法有六条。以上是徐光启旱田用水的第一、二、三法。

第四法和第五法，分别是“用水之委”和“作原作潴以用水”，特别适合干旱的北方。用水之委，就是用水的末流潮汐和岛屿沙洲上的水，具体用法有四条。“其一，潮汐之淡可灌者，迎而车升之；易涸，则池塘以蓄之，闸坝堤堰以留之。潮汐不淡者，入海之水，迎而返之则淡。其二，潮汐入而泥沙淤垫者……为闸为坝为窦，以遏浑潮而节宣之。其三，岛屿而可田，有泉者疏引之，无泉者为池

水塘

选自《农政全书》卷一七《水利》

塘井库之属以灌之。其四，海中之洲渚多可灌，又多近于江河而迎得淡水也，则为渠以引之，为池塘以蓄之。”利用潮汐灌溉，淡化海水，这都是很先进的用水思想。

作原作潴以用水，就是水井和池塘、水库。“作原作潴以用水。作原者，井也；作潴者，池塘、水库也。高山平原与水违，行泽所不至。开挑无施其力，故以人力作之。凿井及泉，犹夫泉也；为池塘水库，受雨雪之水而潴焉，犹夫潴也。高山平原，水利之所穷也，惟井可以救之。池塘水库皆井之属，故《易·井》之“彖”称‘井养而不穷’也。”凿井，就是利用地下水，储存雨雪之水，是利用液态水。这都扩大了水源，这是对水源认识的深化。

怎样利用地下水？需要一些工程技术和工具，并且需要推广这些工程技术和工具。

作之法有五。

其一，实地高无水，掘深数尺而得水者，惟池塘以蓄雨雪之水，而车升之，此山原所通用……

其二，池塘无水脉而易乾者，筑底椎泥以实之。

其三，掘土深丈以上而得水者，为井以汲之。此法北土甚多，特以灌畦种菜。

……宜广推行之也。井有石井、砖井、木井、柳井、苇井、竹井、土井，则视土脉虚实、纵横，及地产所有也。

其起法有桔槔、有辘轳、有龙骨木斗、有恒升筒。用人、用畜，高山旷野或用风轮也。

其四，井深数丈以上，难汲而易竭者，为水库以蓄雨雪之水。他方之井，深不过二丈。秦、晋厥田上上，则有数十丈者，亦有掘深而得碱水者。其为池塘，为浅井，亦筑土椎泥而水留不久者，不若水库之涓滴不漏者，千百年不漏也。

其五，实地之旷者，与其力不能为井为水库者，

筒车和桔槔

选自《农政全书》卷一七《水利》

望幸于雨则歉多而稔少，宜令其人多种木。种木者，用水不多，灌溉为易，水旱蝗不能全伤之。既成之后，或取果，或取叶，或取材，或取药，不得已而择取其落叶根皮，聊可延旦夕之命。[1]

这里提到利用地下水、提水技术、提水工具、工程措施（如凿井、池塘、水库及井底锥泥防渗漏）、提水的动力（人、畜、风轮）和种树活民，大部分是前人提到过的，但徐光启系统地总结利用水利及其工程技术，并且较早提出防渗漏技术。这当然有他自己的实践，也有民间经验的总结，更有对前代农学知识的借鉴。

徐光启总结了他所闻所见的各地用水蓄水技术方法、《泰西水法》中的抽水技术和水库水井等工程技术，提出了旱田用水五法，这对于扩大农田水利的供给水源是积极的理论探索。特别是利用潮汐和凿井作池塘水库，以蓄积雨雪之水，对后来北方的抗旱，在理论方法和技术上起了指导作用。清道光四年（1824），吴邦庆编辑《畿辅河道水利全书》，其中《泽农要录》全

[1] 徐光启：《徐光启全集》卷五《屯田疏稿·用水第二》，中华书局，1963年。

文转载徐光启的《旱田用水疏》以及《泰西水法》中的凿井技术。这些方法的传播，对华北、西北发展农田水利特别是推广井灌是有益的。

清朝，王心敬于雍正十年（1732）著《井利说》。[1]他认为“天道六十年必有一大水旱，三十年必有数小水旱，即十年中，旱歉亦必一二值”。六十年长周期、三十年中周期、十年小周期，与太阳黑子活动有一定的关系，这是他对水旱规律的朴素总结。

他根据亲历亲闻，提出在华北和西北发展井灌：“掘井一法，正可通于江河渊泉之穷，实补于天道雨泽之阙。吾生陕西，未能遍行天下，而如河南、湖广、江北，则足迹尝及之。山西、顺天、山东，则尝闻之。大约北省难井之地，惟豫省之西南境，地势高亢者，井灌多难。至山东、直隶，则可井者当不止一半，特以地广民稀，小民但恃天惟生，畏于劳苦；而历来当事，亦畏于草昧经营，故荒岁率听诸天，坐待流离死亡耳。惟山西则民稠地狭，为生艰难，其人习于俭勤，故井利甲于诸省，然……井处终不及旷土之多。……惟地

[1] 贺长龄、魏源：《清经世文编》卷三八《户政十三农政下 · 井利说》，中华书局，1992 年。

下之水泉终无竭理。若按可井之地，立掘井之法，则实利可及于百世。”河南西部，地势高亢，井灌难；山东、直隶地势平坦，适合井灌，但凿井灌溉者少；只有山西民稠地狭，人生艰难，晋人勤俭，所以，山西井利甲于天下。18 世纪后期，北方气候干旱，使得地表径流减少，人们开始利用地下水。[1]

他特别论述了陕西省适宜开井的地区：“吾陕之西安、凤翔二府，则西安渭水以南诸邑，十五六皆可井，而民习于惰，少知其利。独富平、蒲城二邑，井利顺盛，如流渠、米原等乡，有掘泉至六丈外，以资汲灌者，甚或用砖包砌，工费三四十金，用辘轳四架而灌者，故每值旱荒时，二邑流离死亡者独少。凤翔九属，水利可资处，又多于西安，而弃置未讲者，亦且视西安为多。”故他认为应该在西北、华北大力推行凿井。

王心敬对凿井的具体问题，也有详尽的研究。关于凿井的具体数目，他认为“凡乏河泉之乡，而预兴井利，必计丁成井，大约男女五口，必须一圆井，灌地十亩；十口则须二圆井，灌地十亩；若人丁二十口

[1] 王培华：《清代永定河争地矛盾的自然和社会因素》，《烟台大学学报》2019 年第 2 期。

外，得一水车方井，用水车取水。然后可充一岁之养，而无窘急之忧”。关于凿井的地势，他认为必视地势高下浅深之宜，“地势高，则为井深而成井难；地势下，则为井浅而成井易。然又有虽高而不带沙石，成井反易也。地下而多有沙石，成井反难也”。关于凿井的准备，他说：“凡近河近泉近泽一二里间，水可以引到之处，则襄江水车制可用，至于井深二丈以上，则山陕汲井之车，无不可用。但井须砖石包砌，工费颇多，……惟砖料先备，则临时一井，数日可完，虽水面降落，泉不易竭矣。”

关于凿井的投入和成井后所带来的利益，他说：“凡为井之地，大约四五丈以前，皆可以得水之地，皆可井。然则用辘轳则易，用水车则难。水车之井，在浅深须三丈上下。且即地中不带沙石，而亦必须用砖包砌，统计工程，井浅非七八金不办，井深非十金以上不办，而此一水车，亦非十金不办。然既成之后，则深井亦可灌二十余亩，浅井亦可灌三四十亩，但使粪灌及时，耘耔工勤，即此一井，岁中所获，竟可百石，少亦可七八十石。夫费二三十金，而荒年收百石，所值孰多？……至于小井……工费亦止在三五金外，然一井可及五亩，但得工勤，岁可得十四五石谷，更加精勤，二十四五石可得也，夫费三五金，而与荒年收谷十四五石，甚至二十余石，所值孰多？且即八口之家，便可度生而有余，是则用辘轳之井，尤不可忽也。”这笔投入和收入账算得十分清楚，对于凿井是有益的。

明朝至清初，凿井取水只是用于农家园圃，“盖人挽牛汲，多在园圃。用力既勤，溉田无多故也”[1]。故徐光启的旱田用水五法及凿井法，王心敬的井利说，在明朝和清初作用不大，从乾隆时开始，才对指导华北和西北的凿井有指导作用。其时，华北、西北干旱，人们用凿井来抗旱。乾隆二年（1737），陕西巡抚崔纪采纳王心敬的井利说，开始推广凿井法。他说：“陕西平原八百余里，农作率皆待泽于天，旱即束手无策。窃思凿井灌田一法，实可补雨泽之阙。……西安、同州、凤翔、汉中四府，并渭南九州县，地势低下，或一二丈，或三四丈，即可得水。渭北二十里州县，地势高仰，亦不过四五丈，六七丈得水。但有力家，可劝谕开凿，贫民实难勉强，恳将地丁耗羡银两，借给贫民，

[1] 宋伯鲁、吴廷锡：《续修陕西通志稿》卷六一《水利·附井利》，民国23年（1934）陕西通志馆排印本。

资凿井费，分三年完缴。再，凿井耕田，民力况瘁，与河泉水利者不同，请免以水田升科”。渭南地势低下，凿井易；渭北地势高，凿井难。他建议将地丁耗羡银两，借给贫民凿井，分三年归还，并且免水田升科。崔纪的奏请得到允行。当年统计，陕西新开井，包括水车大井、豁泉大井、桔槔井、辘轳井共计 68980 余口，可灌田 20 余万亩。次年三月，乾隆帝以“崔纪办理未善，只务多井之虚名，未收灌溉之实效”为由，将他改调湖南巡抚。[1]

乾隆十三年（1748）继任的陕西巡抚陈宏谋，调查了崔纪推行凿井的数量，肯定了凿井的功效：“乾隆二年，崔前院曾通行开井，西、同、凤、汉四府，乾、邠、商、兴四州，共册报开成井三万二千九百余眼，而未成填塞者，数亦约略相同，其中有民自出资开凿者，有借官本开凿分年缴还者。……崔院任内所开之井，年来已受其利。”陈宏谋受王心敬井利说的影响，进一步推广凿井：“前次莅陕，见鄠（今作户）县王丰川先生所著《井利说》，甚为明切，悉心体访，井利可

[1] 宋伯鲁、吴廷锡:《续修陕西通志稿》卷六一《水利 · 附井利》，民国二十三年（1934）陕西通志馆排印本。

兴，凡一望青葱烟户繁盛者，皆属有井之地。……曾行令各属巡历乡村，劝民开井甚多。去冬今春，雨雪稀少，夏禾受旱，令各属分别开报，维旧有井泉之地，夏收皆厚；无井之地，收成皆薄。即小民有临时掘井灌溉者，亦尚免于受旱，则有井无井，利害较然，凿凿不爽。”陈宏谋发现，在干旱年份有井泉之地夏粮丰收，于是令属县巡视乡村，劝民开井。他普查了陕西适宜开井的地方：“大概渭河以南，开井皆易；渭河以北，高原山坡，不能开井。其余平地开井稍难。然开至四丈，未有不及泉者。除延、榆、绥、鄜（今作富）四属难议开凿外，其余各府州难易不同。”于是陕西再次出现凿井高潮。

除陕西外，华北各省都有较多的凿井活动。王心敬认为山西“井利甲于诸省”，崔纪说蒲州、安邑农家多井，“小井用辘轳，大井用水车”[1]。河北，徐光启说“真定诸府，大作井以灌田，旱年甚获其利，宜广推

[1] 宋伯鲁、吴廷锡:《续修陕西通志稿》卷六一《水利·附井利》，民国二十三年（1934）陕西通志馆排印本。

行之”[1]。乾隆时“直省各邑,修井溉田者不可胜纪”[2],乾隆《无极县志》卷末《艺文》的一篇文章记载:“直隶地亩,惟有井为园地。园地土性宜种二麦、棉花,以中岁计之,每亩可收麦三斗,收后尚可接种秋禾。计所获利息,井地之与旱地,实有三四倍之殊。”即井地比旱地收成多三四倍。徐光启认为,凿井适用于干旱年份,应当大力推广。

三、元明清西北水利理论与实践的现代借鉴价值

首先,元朝的泾渠、兴元路河渠司的管理分配农业用水则例,对今天西北、华北水资源再分配有借鉴意义。其一,国家设立专门机构河渠司,河渠司制定“分水”“用水则例”,统一管理分配渠系内的水资源,这种法律化、一体化的水资源管理体制,有益于解决水源短缺问题。目前我国多头水政管理体制,不足以应付缺水的挑战。其二,元朝河渠司的“分水”“用水

[1] 徐光启:《徐光启全集》卷五《屯田疏稿·用水第二》,中华书局,1963年。

[2] 任衔蕙:嘉庆《枣强县志》卷一九《艺文录下》,嘉庆九年刻本。

则例”，均强调在各县各分支渠间，进行水资源的合理再分配，先下游，后上游；优先保证灌溉用水，不允许枯水季节上游地区和势家豪户截水谋求碾磨之利。现在我国江河流域内上游往往截水，使下游无水或少水，这造成了上游灌溉和水电两利兼得、下游只遭泄洪之害而无灌溉之利的局面，这对下游是不公平的。其三，体现权利与义务对等原则。水是有价之物，兴修和维护水利工程需人工、物料和时间，因此不能无偿使用水。泾渠、兴元路河渠司的分水、用水制度，使出夫之家，普沾灌溉之利，沾水利之家需出夫维修渠道，并缴纳赋税。

其次，明清农学家解决水旱问题的理论方法，对解决今日西北水资源不足问题有一定的借鉴价值。他们解决干旱半干旱问题的广阔思路，值得今人借鉴。我国西北、华北地处干旱半干旱地带，多途径、多渠道才能解决水资源短缺问题，这就需要人们开阔思路。徐光启提出旱田用水五法二十八条的思路，把他所闻所见的各地行之有效的方法加以整理介绍，力图在华北和西北推广，如认为宁夏的唐来、汉延渠法，应该“因此推之海内大川，仿此为之，当享其利济”；北方用于园圃灌溉的水井，应该推广到农田，这种广阔思路是我们应该学习的。他们提出的旱地用水的具体方法，如在有条件的地方凿井以利用地下水，作池塘水库以蓄积利用雨雪之水，在海滨地区淡化利用海水，这些对于解决西北、华北干旱半干旱区水资源短缺，扩大农田的供给水源，也不失为行之有效的途径。近年，华北和西北缺水地区已经利用雨水资源、积雪资源以蓄水。淡化利用海水，也应该有广阔前景。

最后，不论是元朝泾渠、兴元路河渠司的分水、用水则例，还是明清时期农学家的旱田用水五法和井利说，都贯穿着强烈的节水意识，这也值得我们学习。元朝泾渠“用水则例”体现了水是国家资源，用水需要申请，不得随意浪费水资源的意识。徐光启提倡蓄水时注重节水，他提出：“为池塘而复易竭者，筑土椎泥以实之，甚则为水库以蓄之……筑土者，杵筑其底；椎泥者，以椎椎底作孔，胶泥实之。皆令勿漏也。水库者，以石砂瓦屑和石灰为剂，涂池塘之底及四旁，而筑之平之如是者三，令涓滴不漏也。此蓄水之第一法也。”[1] 徐光启提出池塘、水库的防止渗漏技术是注重节水的体现。王心敬提出凿井必须用砖石包砌，是为了防止水源渗漏，实际就是为了节约水源。目前，西北和华北农田灌溉中的大水漫灌、渠道水库渗漏，浪费了 60% 以上的水资源，如果进行防渗处理，就可以增加 1/3 的灌溉面积。

[1] 徐光启:《徐光启全集》卷五《屯田疏稿 · 用水第二》，中华书局，1963 年。

明中期吴中故家大族的盛衰

——以昆山大家族为中心

归有光（生于明武宗正德二年，卒于明穆宗隆庆五年，1507—1571），字熙甫，号震川，明苏州府昆山县宣化里人。嘉靖十九年（1540），归有光中举人，此后八次参加会试，八次落第，遂徙居嘉定安亭江上，读书讲学，学徒众多。学者称他为震川先生。嘉靖三十三年（1554）倭寇作乱，归有光入城筹划守御，作《御倭议》。嘉靖四十四年（1565），他六十岁，才中进士。此后，历任湖州府长兴知县、顺德府通判、南京太仆寺丞，故称“归太仆”，留掌内阁制敕房，参与编修《世宗实录》。隆庆五年（1571）病逝，年六十六岁。归有光崇尚唐宋古文，文风朴实，感情真挚。他名声很大，与唐顺之、王慎中并称为“嘉靖三大家”。著有《震川先生集》《三吴水利录》《南京太仆寺志》等。

归有光不仅是一位文人，而且是一位关心现实，关心国计民生，有时代感、历史感的经世学者。他有意识地探讨吴中一些大家族的盛衰史，自述“予居乡无事，好从长老，问邑中族姓”[1]，这里所说的“邑中族姓”，有时也称为吴中“故家大族”“大族”“故大家”“旧族”“名族”“巨族”“著姓”“百年之家”等。他观察到一些家族，在近百年中的盛衰起落，很有感触：“吾吴中，无百年之家久矣。”[2]家庭是社会的细胞，家族的产生、兴盛与衰落，与国家发展密切相关。

与魏晋南北朝时具有较高政治地位、受国家政策支持的世家大族不同，明代吴中故家大族，虽然有些家族具有久远的历史渊源，但大部分是在成化、弘治时达到极盛的富家豪户，他们拥有田庐、产业、声望，然而在正德、嘉靖年间，却纷纷破产衰落。本文以归

[1] 归有光:《震川先生集》卷一三《同州通判许半斋寿序》，上海古籍出版社 1981 年点校本。

[2] 归有光:《震川先生集》卷一三《张翁八十寿序》，上海古籍出版社 1981 年点校本。

有光所谈到的一些家族兴衰变迁情况为线索，具体考察成化到嘉靖（1465—1565）一百年间吴中故家大族的盛衰变化，当然，有时为便于长期比较，会上溯到明洪武初年（1368）。

一、成化、弘治（1465—1505）时故家大族的兴盛

嘉靖三十五年（1556），归有光说“吾吴中无百年之家久矣”。那么，是存在一个“吴中有百年之家”的时代吗？答案是肯定的。他写道：

> 张翁居昆山之大慈，余尝自昆山入郡，数经其地，有双洋荡，多美田。翁以力耕致饶足，而兄弟友爱，不肯析居，殖私财。时时入城，从缙绅先生游，乐饮，连日夜而后归。士大夫爱尚其风流……
>
> 予尝论士大夫不讲于谱牒。而闾阎之子，一日而富贵，自相夸尚，以为门阀。吾吴中无百年

之家久矣。昆山车溪之张氏，其源甚远。予家有故牒，谱其世次，而范文正公为当世名臣宰相家，然自监狱公以下，相为婚姻者，凡十有四人，而与宋宗室婚者一人。其科第仕宦，不绝于世，亦往往为神，以食于其土。自宋皇庆间，始占名数于昆山。至于国朝天顺、成化之间，几二十余世，四百年而不改其旧。

故承事郎夏公娶于张，为夏太常之家妇，实生吾祖母。予少时，犹及闻张氏之盛也。盖至于今，而车溪之张，日以浸微。而翁始居大慈。……予每至车溪，停舟而问之，百围之木，数顷之宅，里人犹能指其处焉。若翁者，人亦不复知其车溪之张氏矣。予以故家大族，德厚源远，能自振于式微之后，又以吾祖母之外家，尚有存者，而喜翁之寿而康也。故不辞而序之。[1]

按：北宋有仁宗庆历（1041—1048）、皇祐（1049—1053）年号，元朝有元仁宗皇庆（1312）年号。由

[1] 《震川集》卷一三《张翁八十寿序》。

成化年间（1465—1487）上推400年，正是北宋仁宗时。归有光重视故家大族的谱牒。昆山张氏，是归有光祖母的母家。其先世在宋仁宗时，与当时名臣宰相范仲淹同时，两家互相结为婚姻者十四人，历代都有仕宦者。北宋仁宗庆历、皇祐年间（1041—1053），占籍昆山，到明朝天顺、成化年间（1457—1487），四百年不改其旧。原先住在昆山车溪，有百围之木，数顷之宅。后来衰微，移居于大慈双洋荡附近，多美田。兄弟二人力耕致饶足，不肯析居，厚殖私财。张翁时时入郡城，从缙绅先生交往。车溪张氏，不仅是百年之家，而且是四百年之家。但是，车溪张氏家族，在明朝嘉靖时（1522—1566）中衰，衰而复振。像车溪张氏这样的百年家族，还有海上大族漕泾杨氏、二百年旧族昆山许氏、故大家望湖曹氏、青浦大族沈氏、江东名族沈氏、长洲巨族郭氏、安亭名族杨氏、浦上著姓丘氏、昆山名族秦氏等。

至于归氏，吴中相传谓之著姓，归家的姻戚，都是“吴中著姓”。如归有光妻家魏氏、王氏，母家周氏，祖母家夏氏，祖母外家张氏等。这些家族中，不乏百年之家，甚至二百年之家，高闳大第，耕田数百亩，仆役成群，宾客盈门，或武断乡里，或惠利一方；而其兴盛一般都在成化、弘治（1465—1505）时期。这些故家大族有以下几个特点：

第一，以力农起家，或本富居多，农田多灌溉。昆山归氏五世祖归度，洪武三十年（1397）“置别业于县东南三十里所，吴淞江之上，地名绿葭浜……以耕田为业”[1]。永乐中，归度曾“以人才征，辞不就”。四世祖归仁“以高年赐冠服”[2]，他们都是以力农而取得一定地位的。常熟白茆归氏，在归柞时已有田产不少，其子归椿时，白茆发展成为大村镇，有田数千顷，“初为农，……少尝学书，后弃之，夫妇晨夜力作。白茆在江海之滨，高仰瘠卤，浦水时浚时淤，无善田。府君（归椿）相水远近，通溪置闸，用以灌溉。其始居民鲜少，茅舍历落，数家而已。府君长身古貌，为人倜傥好施舍，田又日垦，人稍稍就居之，遂为庐舍市肆如邑居云。晚年诸子悉用其法，其治数千亩如数十

[1] 归有光:《震川先生集》卷一三《叔祖存默翁六十寿序》，上海古籍出版社 1981 年点校本。

[2] 归有光:《震川先生集》卷二八《归氏世谱后》，上海古籍出版社 1981 年点校本。

亩，役属百人如数人”[1]。周氏，“世居县之吴家桥，先外祖讳行，太学生，家世以耕农为业，外祖始游成均”[2]，“外祖与其三兄，皆以货雄，敦尚简实”[3]。“二百年来为昆山旧族”的许氏，其二世、三世“以勤啬致富”[4]。

第二，吴中著姓的极盛，一般都处于成化、弘治间。常熟白茆归椿（生于成化元年，卒于嘉靖十五年，1465—1536），其极盛是在成化、弘治之间。归有光的外祖周行，“与诸伯祖并列第千墩浦之上。属时承平，家给人足，兄弟怡怡然相乐也”[5]，时在成化、弘治之际。四百年的故家大族昆山车溪张氏，北宋时与当世名臣范仲淹家“相为婚姻者凡十有四人，而与宋宗室婚者一人，其科第仕宦不绝于世”“至于国朝天顺、成化

[1] 归有光:《震川先生集》卷一九《归府君墓志铭》，上海古籍出版社1981年点校本。

[2] 归有光:《震川先生集》卷二五《请敕命事略》，上海古籍出版社1981年点校本。

[3] 归有光:《震川先生集》卷二五《先妣事略》，上海古籍出版社1981年点校本。

[4] 归有光:《震川先生集》卷一三《同州通判许半斋寿序》，上海古籍出版社1981年点校本。

[5] 归有光:《震川先生集》卷一三《六母舅后江周翁寿序》，上海古籍出版社1981年点校本。

之间，几二十余世，四百年而不改其旧”。归有光“少时（正德年间）犹及闻张氏之盛”，有“百围之木，数顷之宅”[1]。归有光祖母夏氏之父夏钺，“居县南吴淞江之千墩浦，……而家最为饶。高闳大第，相望于吴淞江上”，时在成化、弘治时。[2]

为什么吴中故家大族的盛世都处于成化、弘治间呢？因为自洪武至永乐，经过近六十年的休养生息，人民有了一定积累，国家无事，非遇水旱之灾则家给人足；到成化、弘治时又是六七十年，社会经济发展达到极盛。家族的发展、极盛，恰恰与国家经济发展步调一致。归有光在论及长洲蒋氏的厚德时说：“考其世，自洪熙（1425）至于弘治（1488—1504），六七十年间，适国家休明之运。天下承平，累世熙洽，乡邑之老，安其里居，富厚生殖，以醇德惠利，庇荫一方者，往往而是。蒋氏乃其著者”[3]，这说明，明皇朝国家政

[1] 归有光：《震川先生集》卷一三《张翁八十寿序》，上海古籍出版社1981年点校本。

[2] 归有光：《震川先生集》卷一四《良士堂寿讌序》，上海古籍出版社1981年点校本。

[3] 归有光：《震川先生集》卷二〇《蒋原献墓志铭》，上海古籍出版社1981年点校本。

治稳定,“天下承平,累世熙洽”,成就了蒋氏先世的“安其里居，富其生殖”，而蒋氏先世“以醇德惠利庇荫一方”又对社会的发展有好处。也就是说，蒋氏的“家运”，与明朝“国家休明之运”，不仅相一致，而且互相促进。其他吴中故家大族，从小康发展到极盛，也是这个原因。如归氏，由小康至极盛，恰逢明朝极盛：“明有天下，至成化、弘治之间，休养滋息，殆百余年，号称极盛。”[1]

二、正德、嘉靖（1506—1565）时故家大族的式微

正德、嘉靖间，对于吴中故家大族来说，是一个艰难的时期，许多故家大族“中微”“浸微”，成为“寒素”。虽保持原有的风尚，但毕竟是式微了，在时人看来已成“故家”“旧族”。

“世世为吴中著姓”的归氏，从归有光之祖归绅开始衰落。归睿“县城东南，列第相望”的产业、“宾

[1] 归有光:《震川先生集》卷二八《归氏世谱后》，上海古籍出版社1981年点校本。

客过从，饮酒无虚日”的场面、“归氏世世为乡人所服”“显官印，不如归家信”的声势，到归绅时都不复存在，他“仅仅能保其故庐，延诗书一线之绪，如百围之木，本干特存，而枝叶向尽，无复昔者之扶疏”[1]，“归氏至于（归）有光之生（正德元年，1506），而日益衰……贫穷而不知恤，顽钝而不知教。死不相吊，喜不相庆。……而归氏几于不祀矣”[2]。家族内部失去救济贫困、守望相助的传统。而这个变化，不过发生在五六十年间，恰恰是正德、嘉靖时期。

正统时，太常卿夏永，其家族“吴中称富贵孝友之家”[3]，“世有惇德，而家最为饶。高闳大第，相望吴淞江之上”[4]，“子孙富贵，多绮纵之习”，其时正当景泰至弘治时（1450—1504）。其曾孙夏集“生时夏氏犹盛，其后中微，君（夏集）独守寒素，为诸生，兄弟

[1] 归有光:《震川先生集》卷一三《叔祖存默翁六十寿序》，上海古籍出版社 1981 年点校本。

[2] 归有光:《震川先生集》卷一七《家谱记》，上海古籍出版社 1981 年点校本。

[3] 归有光:《震川先生集》卷二八《夏氏世谱》，上海古籍出版社 1981 年点校本。

[4] 归有光:《震川先生集》卷一四《良士堂寿讌序》，上海古籍出版社 1981 年点校本。

有争产讼”[1]。吴中第一等家族到第四代就“中微”了，成为“寒素”，以致沦落到“兄弟有争产讼”，“贫者至，遗以菜米”的境地。

其他吴中故家大族的衰败，也多在正德、嘉靖之际。经二十余世四百年而不改其旧的昆山车溪张氏，“至于国朝天顺、成化之间”极盛，正德年间人们“犹及闻张氏之盛”。但“至于今（指嘉靖三十五年，1556）而车溪之张，日以浸微”，百围之木，数顷之宅，已不复存在，更无人知晓谁是车溪张氏。“浦上著姓”也发生衰败，以致不存。当千墩浦入吴淞江之处，地名千礅，环湖而居者无虑数千家，归有光“少时之母家，时过其下，而浦上著姓，往往能识之，今（指嘉靖三十五年）其存者少矣”。大族著姓兴盛的显著标志，是有百围之木，数顷之宅。

吴中故家大族衰落的显著标志，是“厥居不常”。如车溪张氏，原居于车溪，有“百围之木，数顷之宅”，但至张翁时，已失去故居。从车溪，移居大慈双洋荡。夏家在正德之末，“几至流徙”。归有光自言“每余见

[1] 归有光：《震川先生集》卷一一《抑斋先生夏君墓志铭》，上海古籍出版社 1981 年点校本。

外氏从江南来……未尝不思少时之母家之室屋井里，森森如也，……今室屋井里，非复昔是矣”[1]。这里的江南，指吴淞江以南。村落、室堂的易主，象征着其主人财势和社会地位的盛衰变化。

昆山县治之西的村落小聚真义，元末名士顾仲瑛尝居于此。正统（1436—1449）中，夏钺“尝求顾氏之处，买田筑室焉。然公自居城中，岁时一至而已。最后魏氏复盛于此，其田庐童仆，未知与往时顾阿瑛何如也？”[2] 昆山城南之南园，原是归有光“从高祖之南园，弘治、正德间，从高祖以富侠雄一时。宾朋杂沓，觞咏其中。蛾眉翠黛，花木掩映。夜深人静，环溪之间，玄歌相应也。鞠为草茂几年矣，最后乃归（沈）大中”[3]。从高祖，即祖父的祖父，时当弘治（1488—1505）、正德年间（1506—1521）。归有光从高祖的南园，原先是花木掩映的花园，宾朋杂沓，喝酒歌会，后来，大

[1] 归有光：《震川先生集》卷一三《周弦斋寿序》，上海古籍出版社1981年点校本。

[2] 归有光：《震川先生集》卷一五《真义堂记》，上海古籍出版社1981年点校本。

[3] 归有光：《震川先生集》卷一五《世有堂记》，上海古籍出版社1981年点校本。

致在嘉靖年间，鞠为茂草，归于沈大中家。昆山“县中，称龚氏之族最久”，自南宋以后有十余世之传，正德中居青墩（今昆山市玉湖公园东有清墩庙），到嘉靖（1522—1565）中“青墩之故居，始失之，乃迁徙无常处”[1]。

为什么吴中故家大族在正德、嘉靖间走向衰微？

其一，国家财赋仰给东南，正德以来“税籍日以乱，钩校日以密，催科日以急，而逋负日以积。……至于今而力竭气尽，已不胜其弊”[2]。税籍数量越来越乱，催征越来越急，人民拖欠的赋税越来越多。对江南地区造成的后果之一是繁重的赋役，使故家大族相继沦谢。归有光说：“今数十年来，吴民困于横暴之诛求，富家豪户，往往罄然。”[3]

其实，富民因赋税徭役而破产，早在宣德时就已经发生了。无锡人王经，“兄弟五人，皆好任侠。宣

[1] 归有光:《震川先生集》卷二一《龚母秦孺人墓志铭》，上海古籍出版社 1981 年点校本。

[2] 归有光:《震川先生集》卷九《送宋知县序》，上海古籍出版社 1981 年点校本。

[3] 归有光:《震川先生集》卷一四《陈母倪硕人寿序》，上海古籍出版社 1981 年点校本。

德（1426—1435）中，徭上林苑，因破耗其家”[1]。王经兄弟五人，在宣德年间到京师服徭役，因此家族财产耗损。这种到京师服徭役，很有可能就是作为粮长，送漕粮入京师。这种趋势在正德、嘉靖以来有增无减。归有光看得很清楚，说：“正德、嘉靖之间，东南之民困于粮役，整耗尽矣。自儒者，皆躬自执役。”[2]又说：“天下承平岁久，赋繁役重，吴人以有田业累足屏息。”[3]

吴中著姓，往往因赋役之重而破产。如周行诸兄弟在“先皇帝之初”，即嘉靖初（1522），“相继沦谢，……然皆苦徭役蹙耗”[4]，“虽以赀高里中，而数苦徭役”。夏钺诸子“在正德之末（1520），并以赋役所困，几至流徙”[5]，“安亭号为富庶，正德（1506—1521）

[1] 归有光:《震川先生集》卷二三《南京兵部车驾司郎中王君墓表》，上海古籍出版社 1981 年点校本。

[2] 归有光:《震川先生集》卷二〇《王邦献墓志铭》，上海古籍出版社 1981 年点校本。

[3] 归有光:《震川先生集》卷一三《孙君六十寿序》，上海古籍出版社 1981 年点校本。

[4] 归有光:《震川先生集》卷一三《六母舅后江周翁寿序》，上海古籍出版社 1981 年点校本。

[5] 归有光:《震川先生集》卷一四《良士堂寿讌序》，上海古籍出版社 1981 年点校本。

以来，户口日耗，田荒不治，故家仅有存者”。沈果之父“以大户奔走两县（安亭两属于嘉定、昆山二县），无宁居，故虽强力莫能振”[1]。所谓数苦徭役，就是数次充当粮长。

昆山县龚乾，“县中称龚氏之族最久”，“以编户长乡赋，正德庚午（正德五年，1510），岁大侵，县官不为蠲贷，尽责之长赋”，他“罄其产输不足，则尽室以逃”[2]。由于五谷欠收，政府不免除农民的赋税，要求粮长替其他农户交纳赋税。龚乾因为担任粮长，于是破家失业。可见，破产的往往是“大户”“有田业者”“故家”，也即富户。郑若曾说：“我国家财赋取给于东南十倍于他处，故天下惟东南民力最竭，而东南之民又惟有田者最苦。”[3]

其二，嘉靖壬子（嘉靖三十一年，1552）以来的抗倭，加重了东南的负担，不仅使富者贫，贫者死，

[1] 归有光：《震川先生集》卷一九《朱肖卿墓志铭》，上海古籍出版社1981年点校本。

[2] 归有光：《震川先生集》卷二一《龚母秦孺人墓志铭》，上海古籍出版社1981年点校本。

[3] 归有光：《震川先生集》卷八下《论东南积储》，上海古籍出版社1981年点校本。

而且驱民为盗。归有光说:“兵燹之余,继以亢旱,岁计无赖,百姓嗷嗷。顾又加以额外之征,如备海防、供军饷、修城池、置军器、造战船,繁役浩费,一切取之于民……东南赋税半天下,民穷财尽,已非一日。今重以此扰,愈不堪命。故富者贫,而贫者死。其不死者,敝衣枵腹,横被苛敛,皆曰:‘与其守分而死,孰若从寇而幸生?’”[1]倭寇之乱、干旱,又有额外之征收,如备海防、供军饷、修城池、置军器、造战船等一切费用,都取之于民。这些费用,又加重了人民负担,甚至使人萌生“与其守分而死,孰若从寇而幸生”的心态,即与其安分守己,还不如加入寇盗行列,这在一向安分顺从的江南地区来说,是非常严重的事情。“自顷岁岛夷为寇,兵兴,赋调滋繁矣。然盗逾度大海,轻行内地,数千里间,剽掠一空。岁复大旱,民嗷嗷无经宿之储。当时议者犹以国计为辞,而海上用兵,所急者财贿,闻蠲赋之语,往往相顾而笑……自寇之入,人皆忧将之不选,兵之不练,赋调之不给而已”,倭寇为乱,将东南沿海地区,数千里之间,抢劫一空,

[1] 归有光:《震川先生集》卷八《上总制书》,上海古籍出版社 1981 年点校本。

又加以旱灾，几无收获。人人都担心选任将领、练兵、赋税等方面的问题。虽然朝廷有减免赋税的命令，但东南官员都不执行。归有光则认为，减轻人民负担最为重要，如不减税，可能会有民变，“非惟税无所出，将尽驱东南之民以纵贼，朝廷岂徒失数百万石之赋而已。”[1]

三、不衰与衰而复振的奥秘

归有光调查邑中族姓，所得结论是“能世其家业，传子孙至六七世者，殆不能十数；能世其家业、传子孙绵延不绝，又能光大之者，十无三四焉”[2]。吴中故家大族在成化、弘治时极盛，而在正德、嘉靖时大部分式微。但确实有些家族能在式微之后重新振作，这就是归有光所说的“不能十数”的那些家族；更有些家族能长盛不衰，就是归有光所说的“十无三四”（十之

[1] 归有光:《震川先生集》卷一〇《送周御史序》，上海古籍出版社1981年点校本。

[2] 归有光:《震川先生集》卷一三《同州通判许半斋寿序》，上海古籍出版社1981年点校本。

三四即百分之三四十）的那些家族。那么是什么因素，能使有些家族重振，或长盛不衰呢？

“二百年来为昆山旧族”的许氏，就是长盛不衰家族的典型。[1] 如前所说，故家大族极盛的标志是百围之木、数顷之宅。故家大族衰微的显著标志，是厥居不常，迁徙不定，只有许氏能故居无改。这个家族自二世、三世开始，“比再世以勤啬致富，而子弟皆修学好礼”，“一时名贤，皆往来其家，故许氏富而子孙多在衣冠之列”[2]。四世许鹏远、凤翔兄弟，“皆以赀为郎，家世丰饶”[3]。五世许襄，在正德时为京所吏目。六世许志学，为陕西同州判官，退休家居，过着神仙一样的日子。七世子许云，嘉靖三十二年（1553）中进士，为江西分宜县令，后为吏科给事中。“惟许氏世世居县之马鞍山阳娄江上，有田园租入之饶，而以衣冠世其家……自洪武至今，其故居无改。……盖吾

[1] 归有光:《震川先生集》卷一二《许太孺人寿序》，上海古籍出版社1981年点校本。

[2] 归有光:《震川先生集》卷二五《分宜县知县前同州判官许君行状》，上海古籍出版社1981年点校本。

[3] 归有光:《震川先生集》卷一二《许太孺人寿序》，上海古籍出版社1981年点校本。

县虽二百年无兵火，而故家旧族，鲜有能常厥居者。如许氏，盖不多见矣。”[1]许氏家族之盛，绝无仅有。

为什么许氏家族能故居无改？为什么“许氏之居于乡者，其名可数，耕有田，艺有圃，居有屋庐，其老者，乡里会社，饮酒伏腊，未尝不在，亨承平之福者垂百年”？为什么六世许志学，能在退休后过着神仙一样的日子，所谓“为人倜傥，善自娱戏”“一旦拂衣归，从布衣野老，陆博投壶，拥女子，鼓琴鸣瑟，酣宴竟日”[2]？以入仕而取得优免赋役的好处，从而保持家族的长盛不衰，这是解释许氏家族二百年长盛不衰的极好答案。

归有光认为，七世许子云（伯云）的入仕，对许氏家族的发展极为重要。他说：“同州君（许志学）自伯云不为官时，常自乐也。然今之时，与许氏之上世异矣。使伯云不为官，宁能事其亲、保有其乐耶？同

[1] 归有光：《震川先生集》卷一五《寿母堂记》，上海古籍出版社 1981 年点校本。

[2] 归有光：《震川先生集》卷一三《同州通判许半斋寿序》，上海古籍出版社 1981 年点校本。

州君虽善自娱，非其子之为官，宁能终有以自乐耶？”[1]许子云的举进士，为许氏家业带来实际的利益：“（县）令有科徭及君家，君（许志学）自以尝任州县为七品官，与争论，无所绌。（县）令欲重困之。会给事（许子云）发解报至，以故得免……吴中田土沃饶，然赋税重而俗淫侈，故罕有百年富室。虽为大官，家不一二世辄败。许氏自国初至今，居邑之柴巷无改也。有屋庐之美，田园市肆之入。又以诗书绍续，及给事君（子云）而贵显。”[2]昆山县令要派给许志学家赋税和徭役，许志学以曾经担任七品县官，与昆山县令争论，毫不退缩。昆山县令想方设法加重许家的赋税和徭役，恰巧其子许子云中进士的喜报，送到其家，才才免除赋税和徭役。

归有光认为，吴中土地肥沃，但是赋税重，习俗奢侈，很少有家族能百年长盛不衰。即使有当大官的，也富不过三代。许家，从明初到嘉靖，一直居住于昆

[1] 归有光：《震川先生集》卷一三《同州通判许半斋寿序》，上海古籍出版社 1981 年点校本。

[2] 归有光：《震川先生集》卷二五《敕封文林郎分宜县知县前同州判官许君行状》，上海古籍出版社 1981 年点校本。

山城里的柴巷，从未变卖房产田园而迁居他处，不仅有屋庐之美、田园市肆之收入，子孙还能读书通过科举考试，进入仕途，使家族重新兴盛起来。这就是许氏家族长盛不衰的原因。这个解释，很有道理。当然，通过科举考试，进入仕途，从而改变家族中衰式微的命运，也是归有光孜孜追求的人生大目标。

子弟靠参加科举考试而进入仕途，使有些家族在中衰式微后重新振作。如周氏兄弟，在成化、弘治中"并列第千墩浦之上"，周氏兄弟两家宅第，并列于千墩浦（今昆山千灯镇）。嘉靖初"皆苦徭役蹙耗"。这时周大礼"以进士起家，则周氏之盛，特加于前"。其父居乡，"乡人有讼，不至官府而至其庐"[1]，成为一方社会的精英绅士，可以调解乡里邻居纠纷，说话的分量重了，社会地位上升了。因此，周大礼之兄周子嘉"得以安其闾左，无呼召之忧。祖先世虽以赀高里中，而数苦徭赋，今可以无事，遂与孺人，耕田常数百亩。孺人日馌百余人，岁时伏腊，宾亲之费，不使子嘉有言，而悉自办治，而事二大人极孝养，参知公宦游数

[1] 归有光:《震川先生集》卷一三《六母舅后江周翁寿序》，上海古籍出版社 1981 年点校本。

千里外，有令兄弟，又有贤妇，得以无顾念”[1]。弟弟入仕，哥哥都跟着沾光，县里乡里有徭役出工出力之事，再也不找他了。常耕田数百亩，又能照顾岁时节日和亲朋宾客之费，显然，周家已经获得优免赋税和徭役的好处。他们的祖先，虽然以财富多而雄踞乡里。但是，因为没有仕宦的身份，还得常常承受县里的徭役和国家的赋税。现在周大礼中进士而入仕，其兄周子嘉可以安享乡里，在江南地少人多地区，有耕田数百亩，雇工百余人，成为当时富甲一方的乡绅地主。

又如归有光外祖父家：“昔吾外曾祖，居县南吴淞江之千墩浦，生吾外祖兄弟四人，世有惇德，而家最为饶，高闳大第，相望吴淞江之上。外祖于兄弟中最少，而伯祖之子孙，往往有入太学仕州县者。”但是，“在正德之末，并以赋役所困，几至流徙”。正德之末，夏氏兄弟都被赋役所困，几近流徙。这时夏家有人“适以其时举进士”，夏氏“几坠而复振”，“家获洽裕……

[1] 归有光:《震川先生集》卷二一《周子嘉室唐孺人墓志铭》，上海古籍出版社 1981 年点校本。

力政不过其门”[1]。在淀山湖以北，吴淞江以南，都少有这样衰而复振的家族。

既然有些家族靠子弟入仕而取得优免赋役的好处，使家族长盛不衰或衰而复振，科举就对那些衰落家族的子弟有莫大的吸引力。归有光之曾祖归凤，“弘治二年（1489）选调城武县知县，……雅不喜为吏，每公退，辄掷其冠，曰‘安用此自苦？’亡何，以病免归”[2]。“雅不喜为吏”不是他的个人爱好问题，而是归氏家族既富且盛，凭其产业、资财，自能保持其在县中的地位，用不着靠入仕来取得或保持其家族的地位。归有光说：祖先“累世承平，则以赀高雄乡里，子弟多臂鹰骑马，出人驰骋为乐，不思仕进”[3]。后来归家衰落，他父亲屡试不第，归有光本人对科举的压制人才深为不满，但他还八上春官，无非是出于现实的考虑。

[1] 归有光:《震川先生集》卷一四《良士堂寿宴序》，上海古籍出版社1981年点校本。

[2] 归有光:《震川先生集》卷二八《归氏世谱后》，上海古籍出版社1981年点校本。

[3] 归有光:《震川先生集》卷一一《赠弟子敏授尚书序》，上海古籍出版社1981年点校本。

“因看吴越谱，世事使人哀”

——经世学者归有光

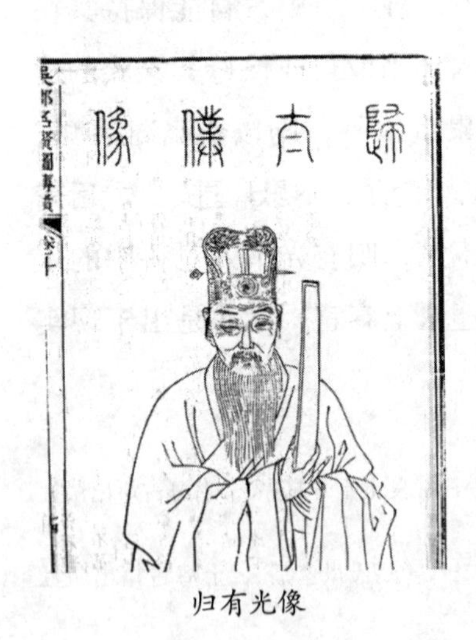

归有光像

选自顾沅辑《吴郡名贤图传赞》

明中期以后，苏松地区出现了一些具有经世之学的学者，如上海人徐光启、华亭人陈子龙、昆山人顾炎武等。其实早在嘉靖年间，昆山就有学者开始关心现实问题，归有光是其中之一。

归有光生于正德元年（1506），其祖上是昆山著姓。县城东南，列第相望，宾客盈门，势力很大，当时有“县官印，不如归家信”的说法。这样的势力，使归家对入仕不感兴趣。曾祖归凤曾任城武知县，但他不喜做官，每次公事之后，总是把官冠扔在地上，抱怨说：“安用此自苦。”没多久，就借病返回乡里。正德、嘉靖时归家衰落，祖父归绅仅仅能保其故庐，延诗书一线之绪。归有光出生后，归家日益衰落，妻子不得不亲自操持家务。归家希望他能学而优则仕，他祖母曾自言自语：“吾家读书久不效，儿之成，其可待乎？”[1]

归有光五六岁就能读诸子书，年稍长，攻科举，二十岁补苏州府学生员。嘉靖十九年（1540）举南都乡试第二名，声名大振，读书于嘉定安亭江上，四方来学者常数百人。他关心现实问题，自言“有光学圣人之道，通于六经之大旨。虽居穷守约，不录于有司，而窃观天下之治乱，生民之利病，每有隐忧于心”[2]，

---

[1] 归有光：《震川先生集》卷一七《项脊轩志》，上海古籍出版社 1981 年点校本。

[2] 归有光：《震川先生集》卷一七《项脊轩志》，上海古籍出版社 1981 年点校本。

表明他重视天下治乱、当世利病和生民休戚。

当时江南地区最大的问题是江南赋税重的问题，即苏松二府赋重民贫。他说，苏州田不及淮安半，而赋十倍于淮阴；松江二县，粮与畿内八府十七县相等，其不均如此。为什么？他说："我国家建都北平，岁输东南之粟，以入京师者数百万……加以方物土贡，金币锦绣，以供大官王服者，岁常不绝。其取于民不少矣。而比年以来，民生日瘁，国课日亏，水旱荐告，有司常患，莫知所以为计。然惟知取于民，而未知所以救灾捍患，与民莫大之利也。"国家定都北京，每年从东南征收四百万石漕粮，还有江南地方特产，金币锦绣，年年不绝。国家从东南地区征收的漕米、丝绸及地方特产不少，但是，近年来水旱灾荒，赋税日亏，民生日益艰难。本来，政府的财政收入应该不仅要取之于民，还要用之于民，帮助人民救济灾荒，发展生产。而实际情况是国家只知向农民征收赋税，不知救灾防患发展水利等。

他告诫："我之取者无穷，而民之生日蹶。民蹶，而我之取者，将不我应，国计民生，两困而俱伤。"如果仍然不帮助农民救济灾荒，国计、民生，两样都会耽误。实际上，在元明清最高统治者看来，国计是指京师皇室、百官和军队的粮食供应，不是人民的生计。江南籍官员学者说的江南人民生计，根本不在统治者考虑的范围内。归有光认为，国家只知取民财赋，不知兴修水利，“圩田河塘，因循隳废，而坐失东南之大利，以至于今”[1]是“民生日瘁”的主要原因。

关于东南水利，宋元以来，有不少江南籍官员学者关注东南水利，其中有三位著名的水利专家比较突出。一是昆山郏亶，他于北宋熙宁三年（1070）上水利书，详陈太湖治水治田的建议，并提出他的主张。二是宜兴人单锷，他于北宋元祐三年（1088）写成《吴中水利书》，论述对太湖洪涝的治理主张。元祐四年苏轼知杭州，曾与单氏研讨浙西水利，对《吴中水利书》颇为赞赏，并奏疏于朝。三是元代松江人水利专家任仁发。任仁发为都水庸田使、都水少监，著有《水利集》。他不仅是水利专家，还是著名画家，2016年其画作《五王醉归图》以3亿元成交拍卖成功。另一画作《二马图》跋：“余吏事之余，偶画肥瘠二马。肥者骨骼权

[1] 归有光：《震川先生别集》卷二上《嘉靖庚子科乡试对策五道》，清（1644—1911）刻本。

奇，萦一索而立峻坡，虽有厌饫刍豆之荣，宁无羊肠踣蹶之患。瘠者皮毛剥落，啮枯草而立风霜，虽有终身摈斥之状，而无晨驰夜秣之劳。世之士大夫，廉滥不同，而肥瘠系焉。能瘠一身而肥一国，不失其为廉；苟肥一己而瘠万民，岂不贻污滥之耻欤！按图索骥，得不愧于心乎？”他自述以肥瘠二马，指贪官和廉吏。[1]可是，能“肥一国”而“瘦万民”者，绝不是官吏，而是指元代皇帝。这三人的水利著述，是归有光利用的主要水利文献。

归有光“有志于经国之务，因居吴淞江上，访求故家遗书，得郏氏、单氏与任氏诸书，择其最要者，编为《水利录》四卷”[2]。他屡次向昆山知县、苏州太守等建议修三吴水利，认为“吴淞江为三吴水道之咽喉，……必欲自源而委，非开吴淞江不可。开吴淞江，则昆山、嘉定、青浦之田皆可垦”[3]。建议督促水利官经常检查，禁止富人豪家壅碍上流；建立撩清军卒，

[1] 邱汉桥：《任仁发〈二马图〉骂尽天下贪官》，见画家邱汉桥新浪微博。

[2] 归子宁：《论东南水利复沈广文》，《三吴水利录·附录》，商务印书馆，1936年。

[3] 归有光：《震川先生集》卷八《论三区赋役水利书》，上海古籍出版社1981年点校本。

轮番疏浚河道。后来，海瑞“得是书仿而行之，饥民全活者甚众，而海口至栅桥，皆已堙塞为平地，不期月而开凿通流，潮水复如昔时之汹涌，大为民便”[1]。他认为三吴水利之法，可推行于齐鲁、关中、两河、朔方、河西、酒泉等地区，“不但可兴西北之利，而东南之运亦少省”[2]。

嘉靖三十年（1551）倭患发生，三十三年倭寇攻掠昆山。归有光为人民的悲惨境遇而痛苦，《海上纪事十四首》描述了倭患的严重、国防的软弱、官员的怯懦无能和人民的惨痛，其中说：

二百年来只养兵，不教一骑出围城。
民兵杀尽州官走，又下民间点壮丁。
海上腥膻不可闻，东郊杀气日氤氲。
使君自有金汤固，忍使吾民饵贼军。
避难家家尽买舟，欲留团聚保乡州。

[1] 归子宁:《论东南水利复沈广文》,《三吴水利录·附录》, 商务印书馆, 1936年。

[2] 归有光:《震川先生别集》卷之二上《嘉靖庚子科乡试对策五道》, 清（1644—1911）刻本。

淮阴市井轻韩信，举手揶揄笑未休。

…………

生民膏血供豺虎，莫怪夷兵烧海红。

…………

上海仓皇便弃军，白龙鱼服走纷纷。

昆山城上争相问，举首呈身称使君

…………

听得民间犹笑语，催科且喜一时停。

…………

海岛蛮夷亦爱琛，使君何苦遁逃深。

逢倭自有全身策，消得床头一万金。

海潮新染血流霞，白日啾啾万鬼嗟。

官司却恐君王怒，勘报疮痍四十家。

…………

江南今日召倭奴，从此吴民未得苏。

君王自是真尧舜，莫说山东盗已无。

官兵无能，倭寇烧杀抢掠，州官等都纷纷逃走。朝廷使者待在苏州，人民直接面对倭寇，百姓都买舟避难。人民遭受生命、重大财产损失，但官府报灾时，却少报灾荒，只报有灾民四十家。当倭寇抢掠时，人民听到官府暂停催交赋税，都欣然相视一笑。可见，苏松赋税之重的危害，似乎远远超过倭寇之乱。

他的另一首诗《甲寅十月纪事二》揭露在人民经历倭寇抄掠惨祸后，官府来征收赋税：“经过兵燹后，焦土遍江村。满道豺狼迹，谁家鸡犬存？寒风吹白日，鬼火乱黄昏。何自征科吏，犹然复到门？”

归有光参加抗倭战斗，“冒风雨，蒙矢石，躬同行伍者四十余昼夜，颇能发纵”[1]。为抗倭献策，他著议论说，在《昆山县倭寇始末书》中提出坚壁清野及广壕堑、造月城、筑弩台、立营寨、集乡兵、铸火器、备弓弩、积薪米、蓄油烛、抚疲民、蠲逋赋、勘荒田、支官银等具体建议；《御倭事略》认为，应召募沿海大姓组成伏兵，任用懂军事的官员主决兵事；《御倭议》主张各省会哨、歼敌于海洋，不使倭寇上岸；《论御倭书》揭露了倭乱中，地方上各自为政，坐视不救的问题，“攻州而府不救，攻县而州不救，劫掠村落而县不救”，指出应区分真倭与百姓，互为策应、严格军纪；《上总

[1] 归有光：《震川先生集》卷八《上总制书》，上海古籍出版社 1981 年点校本。

制书》建议应训练京军、修水利以苏民困。他认为应当以朝鲜制驭日本，或派兵海外征服，他的观点“草野筹之，庙堂之议不及于此，岂以天下之根本在内不在外，故惟慎选抚臣，为安内攘外之长策也”[1]严厉批评了朝廷攘外必先安内的政策。

归有光敏锐地发现社会的变迁，看到成化（1465—1487）、弘治（1488—1505）时的许多极盛故家大族，如他的母亲家周氏、祖母家夏氏、祖母外家张氏，在正德（1506—1521）、嘉靖（1522—1566）时纷纷破产，失去原有的田宅和地位，迁徙无常。他感叹吴中富家豪户往往罄然，吴中罕有百年富室，无百年之家。他认为主要原因是东南赋役负担过重，倭变以来“又加以额外之征，如备海防、供军饷、修城池、置军器、造战船，繁役浩费，一切取之于民。……东南赋税半天下，民穷财尽，已非一日。今重以此扰，愈不堪命，故富者贫，而贫者死”[2]。洪武（1368—1398）至永

[1] 归有光：《震川先生集》卷一九《巡抚都御史翁公寿颂》，上海古籍出版社1981年点校本。

[2] 归有光：《震川先生集》卷八《上总制书》，上海古籍出版社1981年点校本。

乐（1403—1424）的六十年是恢复元气期，成化、弘治是极盛期，而正德、嘉靖是转折期。他认为故家大族的盛衰恰与“国运”一致，“自洪熙（1425）至于弘治六七十年间，适国家休明之运。天下承平，累世熙洽，乡邑之老，安其里居，富厚生殖，以醇德惠利庇荫一方者，往往而是”[1]。“明有天下，至成化、弘治之间，休养滋息，殆百余年，号称极盛”[2]，而正德、嘉靖以来，赋役繁重和倭患，使富户往往破家失业，特别是富户担任粮长，往往因为替其他民户交纳赋税而破产。他说：“居乡无事，好从长老问邑中族姓。能世其家业传子孙至六七世者，殆不能十数。世其家业传子孙绵延不绝，又能光大之者，十无三四焉。”[3]有些家族可以长盛不衰或衰而复振，其奥妙在于他们的子弟能适时考中进士并且入仕，为家族带来优免赋役的好处，如二百年来为昆山大族的许氏，耕有田，艺有圃，居有

[1] 归有光：《震川先生集》卷二〇《蒋原献墓志铭》，上海古籍出版社1981年点校本。

[2] 归有光：《震川先生集》卷二八《归氏世谱后》，上海古籍出版社1981年点校本。

[3] 归有光：《震川先生集》卷一三《同州通判许半斋先生寿序》，上海古籍出版社1981年点校本。

屋庐，恰在于许氏子弟的入仕，免去官府科徭，所谓以衣冠世其家、以诗书绍续。

入仕是改变家族衰落的途径，而入仕必须中进士。科举对归有光有莫大的吸引力，几十年间，他往返三千里，奔波于昆山和京师两地。以他的学问和声名，考中进士易如反掌，但他却八上春官不第。有些考官为他不平和遗憾，认为是“吾江南未了之事”，把归有光是否登进士第，看作江南地区的事情，这说明当时江南籍官员把归有光作为他们的代表人物。直到嘉靖四十四年（1565），他才考中三甲进士。归有光屡试不第，主要是他通经学古，经义中常用秦汉间语和经史语，有些考官少见多怪，对他的经义总是指责、丑诋。[1]他的通经学古，不符合时尚，又迫于家族衰微的形势，而不得不屡屡应试。因此，他深深体会到科举的弊端。他批评科举制，败坏世道风俗吏治，败坏人才，说：“科举之学，驱一世于利禄之中，而成一番人才世道，其弊已极。士方没首濡溺于其间，无复知有人生当为之事。荣辱得丧，缠绵萦系，不可解脱，以至老死而不

[1] 归有光：《震川先生别集》卷六《己未会试杂记》，清（1644—1911）刻本。

悟。”[1] 这是批评风俗，但也是他心态的自然流露。他说，那些名进士，往往是一些奔走富贵之人：“奔走富贵，行尽如驰，莫能为朝廷出分毫之力。冠带褎然，舆马赫奕，自喻得意。内以侵渔其乡里，外以芟夷其人民。一为官守，日夜孜孜，惟囊橐之不厚，迁转之不亟，交结承奉之不至。书问繁于吏牒，馈送急于官赋，拜谒勤于职守。”[2] 名进士奔走富贵，不肯为朝廷出力，但是却衣冠堂堂，自鸣得意，侵渔乡里，剥削人民。一为官守，日夜孜孜不倦地追求多钱财、快升官、交结奉承。日常生活中，往往是书问比吏牒频繁，馈送礼物比征收官府赋税着急，拜访上官比忠于职守更勤快。

归有光中进士后，任湖州府长兴县知县。长兴县，长期没有知县，政事由胥吏把持，豪门大族勾结胥吏，把赋役转嫁到贫苦农民身上，监狱里关满了无辜的百姓。本来，他的入仕就带有改变家道中衰的使

[1] 归有光:《震川先生集》卷七《与潘子实书》，上海古籍出版社 1981 年点校本。

[2] 归有光:《震川先生集》卷九《送吴纯甫先生会试序》，上海古籍出版社 1981 年点校本。

命，但他不谋取富贵，不巴结上官，而是以两汉循吏为榜样，为民兴利除害，务在休养百姓，对狱讼、粮长、里递多有改革。《明史》说他："用古教化为治，每听讼，引妇人儿女案前，刺刺作吴语，断讫遣去，不具狱。大吏令不便，辄寝阁不行，有所击断，直行己意，大吏多恶之。"他不仅因此得罪上官，而且因为他"惟护持小民，而奸豪大猾多所不便，遂腾谤议，顾令小民之情不闻于上，故有光之受谗构无已"[1]。但他毫不惋惜，说"在湖极自负，得意处不减两汉循吏，非夸言，反被狺狺者不止，此是关系世道，仆一身何足惜？"[2]"止知奉朝廷法令，以抚养小民；不敢阿意上官，以求保荐；是非毁誉，置之度外，不恤也"[3]，表达了为民兴利的决心。

由于得罪了上官和地方豪猾，隆庆三年（1569）归有光被明升暗降为顺天府马政通判，掌管各县送来的有关马匹、折钱等文书。他利用这段时间，参考史

[1] 归有光:《震川先生集》卷六《上高阁身书》，上海古籍出版社 1981 年点校本。

[2] 归有光:《震川先生别集》卷七《与冯谷》，清（1644—1911）刻本。

[3] 归有光:《震川先生别集》卷九《长兴县编审告示》，清（1644—1911）刻本。

籍，采访掌故，写成《马政志》《马政职官》《马政蠲贷》《马政库藏》《马政议》等篇。《马政志》记载周、秦至明永乐年间马政的历史，说“马之用大矣”，特别是明朝北方虏患严重，而“胡之胜兵在马，中国非多马亦不能搏胡”，马政对明朝边防尤其重要；《马政蠲贷》说“祖宗令民户养马，其初为法至严，终不以马而病民”；《马政库藏》说，弘治以后易银变马，即敛银括马，结果是“无马”；《马政议》说，明朝马政之种种弊病，如编户养马而又责输银纳粮，“欲讲明马政，必尽复洪武、永乐之旧”，弛草地以养马、置马官马医、行马复令、开茶马互市等。

这年冬天，他到北京朝贺万寿节，希望能改任国子监，但因为他判顺天府马政，又写过《马政志》诸篇，太仆寺留他纂修寺志。隆庆四年（1570）受到内阁高拱的推荐，升为南京太仆寺，但仍在北京留掌内阁制敕房，纂修《世宗实录》。他得到阅读内阁藏书、著书立说的好机会，抱病修史，不幸第二年正月死于任上，至万历三年（1575）才归葬昆山。

尽管他仕途不达，但归有光以他的经世之学，给后人留下了丰富的精神财富。可惜，人们只重视归有光在文学上的地位，而对于他的经世之学，不曾注意。清初，其从孙归起先说："公岂求工于文而已哉？其学术则……一有以启先儒之未发；其经济则条水衡之事宜，悉太仆之掌故，以及用人之方，御倭之议，有以裨当世之所宜行。"[1] 他所说的"经济"就是经世之学，他说到归有光经世之学的水利、马政、用人、御倭等几个方面，在他身后都有所实现，康熙时有人说归有光"世务通达，而浚吴淞江、三吴水利诸书，今方行其说，殆东南数百年之利。至其自述令长兴时，以德化民，又汉代之循良也"[2]。今天来看，归有光的经世之学，其价值不止于此。他对于故家大族之盛衰和国运关系的看法，对吏治风俗的观察与思考，对科举之弊与讲道标榜的批评，对于西北水利开发意义的认识，都是值得重视的。归有光的曾孙归庄，参与了对其文集的编定、刊行。归庄又是顾炎武的好友，其学术对顾炎武的思想有所影响，也是顺理成章的事情。

---

[1] 归起先:《新刊震川先生文集序》，四部丛刊本。

[2] 董正位:《归震川先生全集序》，四部丛刊本。

归有光与明中期吴中经世之学

归有光（1507—1571年），字熙甫，学者称震川先生，明苏州府昆山人。他关注民生利病，考察吏治风俗变迁，批评科举日弊而讲学空疏，具有经世之学。其师友也大多关心江南民生利病，他们为学重实地考察、讲究实用。他们不得意于举业，也与湛若水、王阳明讲学风气不相协调。在明嘉靖、隆庆年间的吴中，有一批讲究经世之学的学者，[1]他们上承元朝吴中学者关心江南赋重民困等社会问题的学风，[2]对于明清之际的经世致用之学有启发作用。明嘉靖、隆庆时，吴中形成了以归有光为代表的经世之学。归有光不仅关心东南民生利病，而且提出发展三吴水利和西北水利的

[1] 王培华:《海上长城的筹划者郑若曾》,《文史知识》1996年第6期。

[2] 王培华:《元朝东吴士人领袖郑元祐》,《文史知识》2000年第11期。

思想，这比徐贞明、徐光启早。他对吏治风俗变迁的考察，对科举日弊、讲学空疏的批评及其经学思想，对明清之际江南经世之学产生了一定的影响。

一、关注东南民生利病

苏松为什么赋重？时人多认为，是明太祖怒吴民附张士诚而取豪民租薄以定税额。归有光则认为苏赋重不均，主要原因是“我国家建都北平，岁输东南之粟以入京师者数百万，……加以方物土贡，金帛锦绣，以供大官王服者，岁常不绝。其取于民不少矣。而比年以来，民生日瘁，国课日亏，水旱荐告，有司常患莫知所以为计。然惟知取于民，而未知所以救灾捍患，与民莫大之利也”,他担心“国计、民生两困而俱伤”[1]。他感叹“东南之民何其惫也？以蕞尔之地，天下仰给焉，宜有以优恤而宽假之，使展其力，……比者仍岁荒歉。……有司之奏报日至，而征督日促。经二大赦，流离转徙之民，日夕引领北望，求活于斗升之粟，而

[1] 归有光:《震川先生别集》卷二上《嘉靖庚子科乡试对策五道》，清（1644—1911）刻本。

诏书文移，不过蠲远年之逋，非奸民之所侵匿，则官府之所已征者也。民何赖焉？东南地方物产，虽号殷盛，而耗屈已甚，非复曩昔”[1]。东南苏松二府面积不大，但赋税不少。国家应该优恤、宽减，与民休息。在连年大荒和倭寇侵犯外，流民希望能得到救济，但是国家不过蠲免往年的逋负，而这些逋负的税粮，也不过是奸民藏起来，或者官府已经征收的。因此，虽然国家有免除赋税的命令，但是百姓得不到实惠。东南地方物产，号称繁盛，但现在已经耗损，不比从前。

因此，他建议兴修三吴水利、西北水利，“督成水利之官，常时相视，禁富人豪家……壅碍上流”“养撩清之卒，更番迭役，以浚之”[2]。他访求故家遗书，编成《三吴水利录》四卷，认为“修水利之法，吴淞江为三吴水道之咽喉，……必欲自源而委，非开吴淞江不可。开吴淞江，则昆山、嘉定、青浦之田皆可垦”[3]。

[1] 归有光:《震川先生集》卷九《送县大夫杨侯序》，上海古籍出版社1981年点校本。

[2] 归有光:《震川先生别集》卷二上《嘉靖庚子科乡试对策五道》，清（1644—1911）刻本。

[3] 归有光:《震川先生集》卷八《论三区赋役水利书》，上海古籍出版社1981年点校本。

后来海瑞“得是书仿而行之，饥民全活者甚众，而海口至栅桥皆已堙塞为平地，不期月而开凿通流，潮水复如昔时之汹涌，大为民便”[1]。嘉靖十九年（1540）他在南京乡试对策中提出兴修东南水利、西北水利两说。

大抵西北之田，其水旱常听于天。而东南之田，其水旱常制于人。盖其地有三江、五湖之灌注，而东南又并海有堤防蓄泄，虽恒雨、恒暘，而可以无虞。故昔之言水利者先焉。《禹贡》：“三江既入，震泽底定。”震泽，即今太湖。《周礼》所谓具区，五湖，盖地一而名异也。《尔雅》：“具区。”郭景纯云：“吴越之间有具区，周五百里，故曰五湖也。”其言五湖，犹江之言九江尔。……禹治扬州之水，西偏莫大于彭蠡，而东偏莫大于震泽。欲宁震泽之水，在于疏其下流。三江入于海，而后震泽无泛滥之虞。震泽，固吐纳众水者也。……三江，东南泄水之尾闾也。三江之流不疾，则海潮逆上，日至淤塞，而下流不通，此吴淞江之疏

[1] 归有光：《三吴水利录·附录》。

导不可不先。而凡太湖以下诸江之入于海者，皆不可以不加之意也。

夫自汉以来，天下之用，不尽于东南。至唐宋，而东南之民始出其力以给天下之用。然自吴越窃据于此，乃能修水利以自给，外以奉事大国，而内不乏于朝府之用，是以其国不困，而民犹足以支。

及天下全盛，江南不熟，则取于浙右；浙右不熟，则取于淮南。于是圩田、河塘，因循隳废，而坐失东南之大利，以至于今。夫钱氏以一方用之，惟其治之也专，故常足于用。今以天下用之，惟其治之也泛，故常不足于用。

呜呼！以天下之大，而无赖于东南，则可以坐视而莫为之所；以天下之大而专养给于东南，其又何可不考其利病而熟图之也。先朝周文襄公、夏忠靖公治之，常有成绩矣。然百余年来已非其故。有司案行修举故事，已漫然莫知其故迹之所存矣。至又委之国贫民困。夫国贫民困已矣，任其困而贫也，则将何时而已乎？夫亦延访故老，徧考昔人之论，而求今日之所宜，又不必专泥于古之迹，而惟视夫水势之所顺……

禹之行水，行其所无事而已矣。五堰、百渎，可复则复之；白蚬、安亭、青龙江，可开则开之。或为纵浦，或为横塘，或置沿海堽身，堽置斗门，使渠河之通海者，不湮于潮泥；堤塘之捍患者，不至于摧坏；而又督成水利之官，常时相视；禁富人豪家碾硙、芦苇、茭荷、陂塘壅碍上流，而仿钱氏遗法，收图回之利，养撩清之卒，更番迭役以浚之，而后利兴而可久……今夫富人有良田美庄，犹不使之荒芜而加意焉。况东南以供天下之费乎？

抑是法也，非特可以行之东南也。齐鲁之地，非古之中原乎？数日不雨，禾俱槁死。黄茅白苇，一望千里；父子兄弟，束手坐视，相率而为沟中之瘠，凡以沟渠之制废也。谓宜少仿古匠人沟洫之法，募江南无田之民以业之。盖于古吴，则通三江五湖；于齐，则通菑济之间，荥阳下，引河东南，为洪沟，以通宋、郑、陈、蔡、曹、卫，与济、汝、淮、泗会，而朔方、两河、河西、酒泉，皆引河；关中沛渠、灵轵引诸水，东海引巨定，泰山下引汶水，皆穿渠溉田万余顷。岂独三江、五湖之为利哉？举而行之，不但可兴西北之利，而东南之运亦少省矣。天下之事，在乎其人。毋徒委之气数，而以论事者为迂也。[1]

归有光提出，东南和西北对水土态度完全不同。西北之田水旱听天由命，东南之田水旱常制于人。东南地区有三江五湖，沿海堤防。所谓五湖，就太湖，疏通太湖，要在疏通三江。自汉以来，国家不全依靠东南。从唐宋开始，东南人民始为京师供应粮食，但此地自钱氏始，都有兴修水利的传统。元朝统一天下后，江南、浙右、淮南都归版图。江南粮食不丰收，则取浙右；浙右粮食不丰收，则取淮南。因此江南圩田、河塘，都因循废坏，坐失东南大利。明朝，周忱、夏原吉兴修水利已经百年，非复其故。如果国家不需要依赖东南，可以坐视东南水利废坏。当访问故老，遍考昔人水利，求今日治水之方法，当顺水势，

[1] 归有光:《震川先生别集》卷二上《嘉靖庚子科乡试对策五道》，清（1644—1911）刻本。

上游利用五堰、百渎，下游开白蚬、安亭、青龙江等疏通水流。设置纵浦横塘，置沿海堽身，堽置斗门，使渠河通海者，不湮于潮泥；水利官时常检查河渠水道等水利设施。禁止富豪家以水磨、芦苇、陂塘等设施壅阻上流，设置捞清卒，轮番疏浚河道。西北之齐鲁、关中、两河、朔方、河西、酒泉等地，应当兴修沟渠，招募江南无田人民兴修水利以减轻国家从东南漕运的数量。

归有光全面提出发展东南水利、西北水利。减少

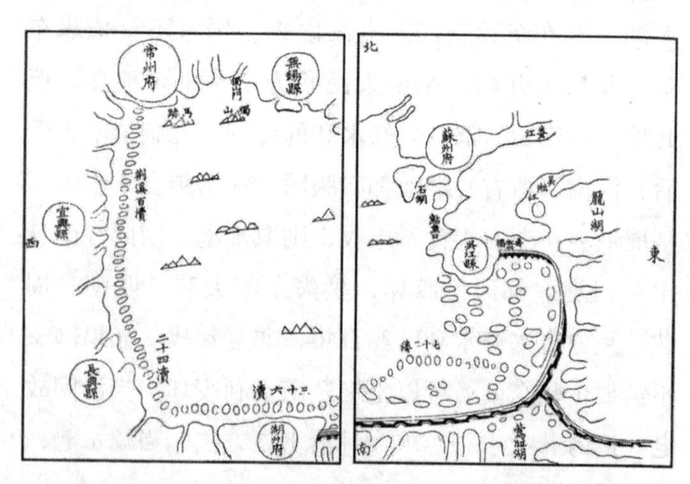

太湖全图

选自《吴江水考》卷一

国家对东南的粮食依赖，是把东南和西北两个区域联系起来的综合设想，启发了后来徐贞明、徐光启的西北水利思想。贵溪人徐贞明为隆庆五年（1571）进士，此前可能读到过归有光的策论并受其影响，因此在万历初提出并力行西北水利。徐光启著《旱田用水疏》，甚至把东南和西北两大区域比作父亲的两个儿子，都应当受到了归有光的影响。

归有光为何重视东南民生利病？他自述“予居乡无事，好从长老问邑中族姓，能世其家业传子孙至六七世者，殆不能十数。世其家业传子孙绵延不绝，又能光大之者，十无三四焉”[1]。成化、弘治时达到极盛的吴中富户在正德、嘉靖间纷纷破产。如归氏在成、弘时“虽无位于朝，而居于乡者甚乐。县城东南，列第相望。宾客过从饮酒无虚日，而归氏世世为县人所服”，当地有“县官印，不如归家信”[2]的说法，祖父归绅，仅能保其故庐延诗书一线之绪；至归有光出生时（正

[1] 归有光:《震川先生集》卷一三《同州通判许半斋寿序》，上海古籍出版社1981年点校本。

[2] 归有光:《震川先生集》卷二八《归氏世谱后》，上海古籍出版社1981年点校本。

德元年）日益衰落，嘉靖十九年后归家日益贫困。富家普遍破产，他常说吴中罕有百年富室、无百年之家。他认为吴中故家大族之盛衰，与国运有密切关系，其破产主要是因东南赋重，加之倭变时的额外之征，使富者贫，贫者死。尽管有些家族依靠子弟入仕取得优免赋役的好处，从而使家族衰而复振，但大部分家族都一蹶不振。[1] 归有光作为先前富家的后代和有经世之学的学者，重视江南重赋问题，故提出发展三吴水利和西北水利的建议。

二、考察吏治风俗之变迁

归有光认为，吏治关系着天下治乱。吴中吏治，有两大弊端。

一是“庶政颇号严切”[2]。庶政指国家各种政务，如赋税、漕运、河渠等。吴吏“以期会鞭笞集赋税”[3]，“税

---

[1] 王培华：《明中期吴中故家大族的盛衰》，《安徽史学》1997 年第 3 期。

[2] 归有光：《震川先生集》卷一〇《送吴祠部之官留都序》，上海古籍出版社 1981 年点校本。

[3] 归有光：《震川先生集》卷九《送太仓守熊侯之任光州序》，上海古籍出版社 1981 年点校本。

籍日以乱，钩校日以密，催科日以急，而逋负日以积，故为吏吴中者，督赋为尤难”[1]，故“凡为大吏，其势与民日远，一切以趋办为能。民之疾苦，非有关于其心也……使之逮系鞭笞，流离僵仆而不之恤也”[2]。“岁饥、民贫、逋负日积，使者督责相望于道。父死而诛其子，兄亡而逮其弟，笞掠瘐死。”[3]地方官员的职责成了催科督赋，而救济灾荒、兴修水利，不在其考虑范围内。

二是“庶务号为振举”，庶务指行政部门的各种杂务，他“闻之长老云，往者宪、孝之际，禁网疏阔，吏治烝烝不格奸，……今之文吏，一切以意穿凿，专求声绩，庶务号为振举”[4]。“号为能吏者，不过徒事声迹之间，一时赫然烨然，众人以为美，而天下之元气日以耗。”[5]地方官员的作风，是制造声势、制造政绩，

[1] 归有光:《震川先生集》卷九《送何氏二子序》，上海古籍出版社1981年点校本。

[2] 归有光:《震川先生集》卷一〇《送同年李观甫之任江浦序》，上海古籍出版社1981年点校本。

[3] 归有光:《震川先生集》卷一一《送嘉定县令序》，上海古籍出版社1981年点校本。

[4] 归有光:《震川先生集》卷一〇《送许子云之任分宜序》，上海古籍出版社1981年点校本。

[5] 王培华:《元朝东吴士人领袖郑元祐》，《文史知识》2000年第11期。

一时赫然烨然，众人以为美，外有好官的名声，实际上东南元气大衰。“庶政颇为严切”和“庶务号为振举”是吴中吏治之两大弊端。

其结果是“昔之为者非矣，而天下之民常安，田常均，而法常行；今之为者是矣，而天下之民常不安，田常不均，而法常不行”[1]。从国家对官员的要求看，有土地辟、户口增、盗贼息等几项基本考核内容。以往对官员的考核，虽然有时不见得符合这些考核标准，但是，实际效果都好，民安、田均、法令能正常运行。后来对官员的考核，虽然都符合标准，但是实际效果不好，民不安、田不均，法不常行。这个我们今日也容易理解，比如，所有人、所有部门都没有错，但是事情的结果就是错了，并且造成恶果。

为什么后期发生这种名实不符的情况？原因何在？“其故”在于东南“田租之入，率数十倍于天下”[2]。

[1] 归有光:《震川先生集》卷一〇《送许子云之任分宜序》，上海古籍出版社 1981 年点校本。

[2] 归有光:《震川先生集》卷一〇《送同年李观甫之任江浦序》，上海古籍出版社 1981 年点校本。

东南地区田租负担，十倍于其他地区。成化、弘治时“吏治宽缓，节目疏略。虽赋役繁重，而蠲贷之政屡下”，官吏“慕尚前史循良之治，煦妪覆育”[1]。当时州县官员尚且羡慕汉唐循吏的作风，作风淳朴、善良，考核指标简单。虽然赋役繁重，但是国家屡次颁布蠲免赋税的惠政。

但嘉靖十六年（1537）赋役改革后，“轮编自若，而丁田岁岁增加”，抗倭以来的种种经费“不于田赋，则于大户”[2]。“三纪以来，民间未尝放赦，而水旱之灾，蠲贷之令亦少矣。又经岛夷焚剿之后，海上之戍不撤，而加编海防，岁增月益，江淮以南益骚然矣，军府之乾没动数百万”[3]，而“吏复乘时以为奸利。……吴之子女玉帛，不独填委于沧波浩渺之中，而亦潜输于刀笔筐箧之间矣”[4]。丁赋田税，年年增加，抗倭费

[1] 归有光:《震川先生集》卷九《送郡太守历下金侯考绩叙（代）》，上海古籍出版社1981年点校本。

[2] 归有光:《震川先生别集》卷九《处荒呈子》，清（1644—1911）刻本。

[3] 归有光:《震川先生集》卷一〇《送同年李观甫之任江浦序》，上海古籍出版社1981年点校本。

[4] 归有光:《震川先生集》卷九《送郡别驾王侯考绩序》，上海古籍出版社1981年点校本。

用，或加于田赋，或加于大户。三十年来，对水害之灾，国家并无宽免逋负。倭寇之乱后，海防不撤，海防费用年年增加，江淮以南骚动，军府贪污粮饷动辄数百万。官吏又借机谋利，东吴人民不仅饱受倭寇之乱，还受到官吏的盘剥。催税之难，使吏治严切。

吏治之弊，还因考核中唯名是求、不实事求是，“一命皆总于吏部”[1]和“悉听于监司”，“其所荐举必极其褒美，虽古之龚（遂）、黄（霸）、卓（茂）、鲁（公仪休）无以过。……及其迁以去也，其为州县犹故也”。官员考核全凭吏部和监司，监司又多采纳县中把持舆论的豪民乡绅的意见。荐举文书极尽褒美之能事，把官员事迹写得像春秋时鲁相公仪休，汉代龚遂、黄霸、卓茂一样，这有吏“为名”“上亦以名求之”[2]和地方舆论中“谩欺”等原因。监司书写的考核文书，内容多出自县中把持舆论的豪民乡绅。豪民乡绅为自己作威作福，武断乡曲，不“听于吏之治”，反而“求于有司

[1] 归有光：《震川先生集》卷一〇《送福建按察司王知事序》，上海古籍出版社1981年点校本。

[2] 归有光：《震川先生集》卷一〇《赠俞宜黄序》，上海古籍出版社1981年点校本。

者无已也，稍不如其欲，而毁随之矣。……比县之吏亦以娼嫉倾排者多，以故毁誉不明，而监司亦无以得其实”[1]。豪民乡绅往往操纵地方官员，使之为自己所用，毁誉不出于公，实出于私，监司无从考查其毁誉的真伪。所以，吏治以追求声名为务。“古之吏皆积久而成，今并布衣诸生少年，远者仅二岁，何治之卓卓如此？夫果能如此，则其县治矣，何迁代之后其雕残犹故？”考查“未尽出于公与明”[2]。州县官吏多是年轻少年，刚刚考中进士，最多任职两三年，为什么会有很卓越的评价？果如是，则州县治理矣，何至于官员离任后，地方仍然凋残如故？

关于吴中社会风俗的变迁，他说：“闻之长老言，洪武间，民不粱肉，闾阎无文采，女至笄而不饰，市不居异货，宴客者不兼味，室无高垣，茅舍邻比，强不暴弱。不及二百年，其存者有几也？予少之时所闻所见，今又不知其几变也！大抵始于城市，而后及于

[1] 归有光:《震川先生集》卷一〇《赠俞宜黄序》，上海古籍出版社1981年点校本。

[2] 归有光:《震川先生集》卷六《上王都御史书》，上海古籍出版社1981年点校本。

郊外；始于衣冠之家，而后及于城市……婚姻聘好，酒食宴召，送往迎来，不问家之有无，曰吾惧为人笑也。……非独吴也，天下犹是也。”[1] 从乡里长老了解到，洪武时，民风淳朴，民不食粱肉，百姓衣无文采，女子少时不修饰，市场中商人不囤积居奇，宴客只有一样肉菜，房舍无大屋高墙，茅舍比邻，强不凌弱。不到二百年，世风逆转。成化、弘治、正德时的风俗，到嘉靖、隆庆时发生巨大变化。

这种风气的变化，始于官宦人家，然后扩散到城市；从城市开始，向城郊及农村扩散。婚礼、酒宴、送往迎来，不自量财力，而是受风气裹挟，衣食住行，都极尽繁华，以追求奢靡为风尚。这种社会习俗，不独吴中如此，其他如浙右、南直隶等，也差不多。

具体说，嘉靖时“江南诸郡县，土田肥美，多粳稻，有江海陂湖之饶”，“俗好媮靡，美衣鲜食，嫁娶葬埋，时节馈遗，饮酒燕会，竭力以饰观美。富家豪民，兼百室之产，役财骄溢；妇女、玉帛、甲第、田园、音乐，

[1] 归有光:《震川先生集》卷三《庄氏二子字说》，上海古籍出版社1981年点校本。

拟于王侯”[1]。江南地区自然条件优良，江海陂湖之利，鱼米之乡，婚丧嫁娶，时节宴会，美衣鲜食。而富家豪民，财产是普通人家百八十倍，财大气粗，妇女、锦衣玉食、田园、甲第、音乐，都堪比王侯之家。一般来说，这应该是物质和经济繁荣的表现。但是实则不然，这反映两个问题，即个别富家豪民的奢华，是从兼并百家得来的。多数人家衰落了，实际财富并没有增加；人们更关注个人的利益、个人的享受，较少关注社会，不那么急公好义、乐善好施了。

这种风俗之变，与国运一致。苏州府长洲县蒋氏，先世有厚德，“其居乡者，大率长厚，能以爱利及人，恤人之急，如恐不及，赈贷或至千石”，此时正当洪熙至弘治间。“考其世，自洪熙至于弘治，六七十年间，适国家休明之运。天下承平，累世熙洽，乡邑之老，安其里居，富厚生殖，以醇德惠利庇荫一方者，往往而是，蒋氏乃其著者”[2]，蒋氏先世，忠厚长者，爱利

[1] 归有光:《震川先生集》卷一一《送昆山县令朱侯序》，上海古籍出版社 1981 年点校本。

[2] 归有光:《震川先生集》卷二〇《蒋原献墓志铭》，上海古籍出版社 1981 年点校本。

及人，乐善好施。此时，是洪熙到弘治之间，六七十年间，天下太平，成就蒋氏先世忠厚长者厚德爱人的形象。这必然会对社会发展有好处。归有光虽然认为“物盛而衰，衰久而复”[1]，但对风俗能否“衰久而复”很担忧。

可注意的是，归有光对吏治风俗问题的认识。第一，其认识符合明朝吏治的变化，得到穆宗时首辅高拱的认同。隆庆三年（1569）他上书高拱：“太祖承胜国之后，其严有时而用。自永乐以后，大抵朝廷之政，日趋于宽。历五圣至于孝宗，仁恩沦浃，号为本朝极盛。武宗之时，……天下号称多故。而元气未索，则以国家百余年，至我孝皇培养之深也。先皇帝威福自操，廷臣时有诛戮，而天下之治，未尝不在于宽。”[2]尽管高拱被张居正排挤，但张居正整顿吏治，是基于对吏治弊端的考虑，说明归有光对吏治的看法比较确切。

第二，他认为风俗淳朴与否，与国运、富家大族

---

[1] 归有光:《震川先生集》卷一四《陆母缪孺人寿序》，上海古籍出版社 1981 年点校本。

[2] 归有光:《震川先生集》卷六《上高阁老书》，上海古籍出版社 1981 年点校本。

的盛衰同步："故家大族，实有与国相维持者，系风俗世道之隆污。"[1]这种"维持"是相互的，如果向富户"劝借"钱粮过多，会影响国家长远利益："安富之道，《周官》所先。劝借可暂而不可常，可一而不可再。"[2]

第三，归有光论吏治风俗的变迁，体现了他对社会发展阶段的认识，洪、永时是休养生息期；成、弘时是极盛期，吴中形成许多故家大族，风俗纯厚，吏治宽缓纯正、嘉时由盛而衰，赋税日重，而民生日瘁，风俗奢靡，吏治严切、务求名声而无实效。三四十年后，即万历后期《歙县风土论》作者的观点，才达到他的认识水平。当然，吏治、风俗之变，除经济、政治原因外，还与科举弊病有很大关系。

三、批判科举弊端

归有光认为科举之弊有三。

---

[1] 归有光：《震川先生集》卷二《华亭蔡氏新谱序》，上海古籍出版社1981年点校本。

[2] 归有光：《震川先生集》卷八《昆山县倭寇始末书》，上海古籍出版社1981年点校本。

一是败坏世道风俗。“古今取士之途，未有如今之世专为一科者也”，士人“习为应试之文，而徒以博一日之富贵”[1]。“科举之学，驱一世于利禄之中，而成一番人才世道，其弊已极。士方没首濡溺于其间，无复知有人生当为之事。荣辱得丧，缠绵萦系，不可脱解，以至老死而不悟”[2]。古代选拔士人的途径很多，自隋朝开科举，学术成为读书人取得功名利禄的手段。真正以研究学术为目的的考生很少，大多有自己的物质利益诉求，即以功名追求利禄。明代戏曲小说中，出现“学成文武艺，售与帝王家”，正是这种情况的高度概括。这虽是他屡战屡败心态的写照，但主要揭露了科举毒害风俗。

二是败坏吏治。他认为，天下英才绝非品式所能拘束，少年进士有偶然性，极易使其心理膨胀，以为自己无所不能，“侥幸于一日之获，其于文义，尚有

[1] 归有光:《震川先生集》卷九《送计博士序》，上海古籍出版社 1981 年点校本。

[2] 归有光:《震川先生集》卷七《与潘子实书》，上海古籍出版社 1981 年点校本。

不能知者，嚣嚣然自谓已能”[1]。再者，造成学仕分离：“以得第为士之终，而以服官为学之始。士无贤不肖，由科目而进者，终其身可以无营，而显荣可立望，士亦曰，吾事毕矣，故曰士之终。”考试是检验学习的手段，不是学习的终点。科举考试以中进士为最终目的，以当官为学之始。无论是贤良还是不肖者，只要出身进士，就可马上获得尊荣地位，那些考试中进士者说，考试完毕，我的任务完成了。所以说，在科举制度下，科举中进士是士人读书的终结，造成学术和仕宦分离。

科举考试的内容，不能用于指导行政：“占毕之事不可以莅官也，偶俪之词不可以临民也。士之仕也，犹始入学也，故曰学之始。”科举考试，学非所用，对仗、辞藻、射策、决科，不能用于治官、治民。治官、临民，完全靠其质性修养：柔者怯懦不立，刚者好愎自用，佞者自谋自利，直者肆直忘物，宽者废弛自纵，严者好察不恕。[2] 旨在网罗人才的科举制，却造成了

[1] 归有光:《震川先生集》卷一三《吏部司务朱君寿序》，上海古籍出版社 1981 年点校本。

[2] 归有光:《震川先生集》卷九《送王汝康会试序》，上海古籍出版社 1981 年点校本。

吏治腐败。

三是败坏学风。“此学流传，败坏人才，其于世道，为害不浅。夫终日呻吟，不知圣人之书为何物，明言而公叛之，徒以为攫取荣利之资。”[1]终日背诵诵读四书五经，但不知圣人之书为何物，道德仁义，成为士人攫取功名利禄的垫脚石。科举制“行之已二百年，人益巧而法益弊；相与剽剥窃攘，以坏烂熟软之词为工，而六经圣人之言直土梗矣”[2]“科举之学相传久矣。今太学与州县所教士，皆以此也……至于久而天下靡然，习其辞而不复知其原，士以哗世取宠，苟一时之得以自负；而其为文，去圣人之经益以远”[3]。孔子讲，颂诗三百，可授之以政，就是因为诗，不仅仅博物洽闻，而且因为其中有和平之情、慈祥恺悌之政事方法。明开国到嘉靖，二百年来，科举考试成为一门技艺，人们越来越精通其考试过程，互相剽窃，以烂熟之词为

[1] 归有光:《震川先生集》卷七《山舍示学者》，上海古籍出版社 1981 年点校本。

[2] 归有光:《震川先生集》卷一九《陆允清墓志铭》，上海古籍出版社 1981 年点校本。

[3] 归有光:《震川先生集》卷一一《送国子助教徐先生序》，上海古籍出版社 1981 年点校本。

精巧，以六经圣人之言当泥塑偶像，士子摇头晃脑地背诵，可是食而不知其味，不知道其原意是什么。有些人有点心得，就自鸣得意，哗众取宠。作文，更不知所写为何物，离六经越来越远。结果“夫今世进士之业滋盛，士不复知有书矣。以不读书而为学，此子路之佞，而孔子之所恶。无怪乎其内不知修己之道，外不知临人之术，纷纷然日竞于荣利，以成流俗，而天下常有乏材之患也”[1]。科举仕进之事越来越盛，士人越来越不知有诗书，以不读书而为学，这当然离真知实学越来越远。如此，既不能修炼品德，又不能治民理事，纷纷争竞奔走于荣华利禄之途，与世俗之人没有什么两样，所以国家就越来越没有人才。

从以上几个方面看，归有光批评科举弊端，比顾炎武、黄宗羲、王夫之要早得多。他通经学古，却屡试不第，许多人为他感到不平和遗憾，认为是“江南未了之事”。王锡爵解释说：“盖天下相率为浮游泛滥之词，靡靡同风，而熙甫深探古人之微言奥旨，发为

[1] 归有光:《震川先生集》卷九《送童子鸣序》，上海古籍出版社 1981 年点校本。

义理之文，洸洋自恣，小儒不能识。”[1]对归有光评价很高。

四、归有光与吴中经世之学

同明相照，同类相求，同类相聚。归有光的朋友和学生，往往不得意于举业，但多有经世之学。嘉定人唐道虔，少孤，“不喜末俗剽窃之文，而好讲论世务，遇事发愤有大节”。嘉定海溢，又饥荒，米价腾贵，他为乡里请米赈济；倭寇侵犯嘉定，他立刻返回抗倭。请用银易漕米，解决民众口粮，又出私财资助士兵。他“不用于世，其所论议、施设及于人，则皆有位者之事也”，俨然一位地方守令。嘉靖三十三年，“以贡待选京师，居二年，得抚州训导以行，未至济州二十里，卒于舟中。时嘉靖三十五年六月十八日也”[2]。

昆山人郑若曾，为学重实地考察、实用，《江南

[1] 黄宗羲编:《明文海》卷四三七，王锡爵《太仆寺丞熙甫归先生墓志铭》，中华书局1987年影印本。

[2] 归有光:《震川先生集》卷一八《抚州府学训导唐君墓志铭》，上海古籍出版社1981年点校本。

通志》说他“有经世之志，凡天文、地理、山经、海籍，靡不周览”。著有《筹海图编》和《江南经略》。

昆山人吴中英，字纯甫，举人，遗产丰厚，按籍视所假贷不能偿者，焚其券。散其家产千金，又折节自矜饰，顾不屑为龌龊小儒，笃于孝友，急人之难，大义磊落。考古论学，“虽先儒有已成说，必反复其所以，不为苟同”。年四十四始为南都举人。“营城东地，艺橘千株，市鬻财自给”[1]，“于天下之利害，生民之得失，常有隐忧于其间”[2]。

陆寰，字允清，太仓州人。为学求甚解，有所不能自得，即使程颐、朱熹之说，“辄奋起而与之争，可谓能求得于其心者矣。至于当世之务，皆通解，而言之悉有条理”[3]。

唐顺之，关心“甲兵、钱谷、象纬、历算”，认为“读书以治经明理为先，次则诸史，可以备见古人经纶之

[1] 归有光：《震川先生集》卷二五《吴纯甫行状》，上海古籍出版社1981年点校本。

[2] 归有光：《震川先生集》卷九《送吴纯甫先生会试序》，上海古籍出版社1981年点校本。

[3] 归有光：《震川先生集》卷一九《陆允清墓志铭》，上海古籍出版社1981年点校本。

迹，与自来成败理乱之几，次则载诸世务可以应世之用者，此数者，其根本枝叶相辏，皆为有益之书。……不免于耗精力于无所用，至于所最当留意者，且束阁而不暇也”[1]。这些，都说明在嘉靖时吴中确有一些讲究经世之学的学者。

为什么嘉靖、隆庆时吴中会产生经世之学呢？苏松重赋使富家破产，这使他们开始关心当世利病；倭变时，许多官员并没有真才实学来抗倭，有实学而无功名的人却能发挥一己之长。这使他们认识到，科举人才无用，于是重视实学；更重要的是他们的经学思想、他们对“道”的理解与朱学、王学都不同。

归有光认为，以朱熹《四书集注》作为取士标准，不能真正造就人才、选拔人才进而影响学风：“自太学以至郡县学，学者徒攻为应试之文，……士之所以自为者亦轻矣。……夫天下学者，欲明道德性命之精微，亦未有舍六艺而可以空言讲论者也”[2]“圣人之道，其

[1] 唐顺之:《荆川文集》卷七《与莫子良论学书》，台湾商务印书馆，1985年。

[2] 归有光:《震川先生集》卷九《送计博士序》，上海古籍出版社1981年点校本。

迹载于六经。……六经之言，何其简而易也。不能平心以求之，而别求讲说，别求功效，无怪乎言语之支，而蹊径之旁出也”[1]。各级学校学生都以专攻考试为能事。他批评学者舍六经而空言之风，言语支离，对国家以朱熹《四书集注》为科举考试出题范围表示不满，认为学者应有“自得”之学。

他提倡返回六经、背传从经。他认为后儒传注，有功于孔子，但真能符合孔子原意的不过十分之三四，六经非一人之说所能定，[2] 朱熹以一人一时之见解，不能都符合孔子原意而无一言之悖。他批评“世儒果于信传，而不深惟经之本意，至于其不能必合者，则宁屈经以从传，而不肯背传以从经。规规焉守其一说，白首而不得其要者众矣”[3]。他肯定王阳明“起而争自为说，创为独得之见”[4] 的怀疑精神，但不满他“敢

[1] 归有光:《震川先生集》卷七《示徐生书》，上海古籍出版社 1981 年点校本，第 150—151 页。

[2] 归有光:《震川先生集》卷九《送何氏二子序》，上海古籍出版社 1981 年点校本。

[3] 归有光:《震川先生集》卷九《送何氏二子序》，上海古籍出版社 1981 年点校本。

[4] 归有光:《震川先生集》卷一〇《送王子敬之任建宁序》，上海古籍出版社 1981 年点校本。

为异论，务胜于前人，其言汪洋恣肆，亦或足以震动一世之人”[1]的学风，特别不满王阳明空言讲学和“致良知”。总之，他不满朱学牢笼人才和拘守一说，有取于王学的“独得之见”之怀疑精神；又批评王学之“空言”“讲道”，以朱学之“实”来对抗王学之“空”；在六经和传注之间，他提倡返回六经。

归有光的经学思想，在当时学术界独树一帜。钱谦益说：“先生钻研六经，含茹雒、闽之学而追溯其元本。谓秦火已后，儒者专门名家，确有指授，故圣贤之蕴奥，未必久晦于汉唐，而乍辟于有宋……新安未可以盖金谿、永嘉，而姚江亦未可以盖新安。真知笃信，侧出于千载之下，而未尝标榜为名高。”汉唐诸儒未必不讲义理，宋儒未必不讲辞章。王学不能压倒朱学，宋学不能压倒汉学；朱学不能压倒陆学和叶适、陈亮等永嘉经世事功之学，这恰当反映了归有光经学思想的主旨。他对社会问题的观察思考与批判，提倡返回六经、道不离世，道体现于人伦、日用、道德修养上的思想，对顾炎武是有影响的。徐乾学等人说归

[1] 归有光：《震川先生集》卷九《送何氏二子序》，上海古籍出版社1981年点校本。

有光“世务通达”“深以时之讲道、标榜者为非”[1]。徐乾学是顾炎武之外甥，他帮助归有光之曾孙归庄刊刻《震川先生集》，而归庄与顾炎武是至交。顾炎武著《天下郡国利病书》时，引用了归有光的《三吴水利录》；归有光说“故家大族实有与国相维持者，系风俗世道之隆污”，顾炎武有家富即国富、强宗强国思想。至于对吏治风俗的观察，对科举讲学之批评，顾炎武都有可能受到归有光的影响。归有光与其朋友们关心东南民生利病，而顾炎武由关心东南苏松二府田赋之重，到关心天下利病，这是顾炎武比归有光更广阔的地方。

---

[1] 徐乾学:《憺园文集》卷一九《重刻归太仆文集序》，国家图书馆出版社 2014 年影印本。

明中期以来江南学者的“是非”之论

明中期以来，即嘉靖、隆庆、万历至天启、崇祯间，以至清初，江南地区的一些学者如归有光、顾宪成、顾炎武和黄宗羲等，展开了“是非”问题的争论。本文试图对这一时期江南学者“是非”之论的发展演变，认识根源与社会根源，阶级实质，历史地位提出初步看法，以期对明清之际批判专制主义思潮有更深入的认识。封建社会判断是非的标准，主要是“上之是非”。西汉时，有人批评廷尉杜周：“君为天子决平，不循三尺法，专以人主意指为狱。狱者固如是乎？”杜周说：“三尺安出哉？前主所是著为律，后主所是疏为令，当时为是，何古之法乎。”[1] 是，即肯定。前代

[1] 《史记》卷一二二《酷吏列传》。

皇帝肯定的，著录下来，就是律；后代皇帝肯定的，分条说明，就是令。这就是法令法律的来源。天子所“是”就是律令，就是法律。天子之是非，为天下之是非。这基本是封建社会法律制度的常态。汉文帝时，廷尉张释之称“法者，天子所与天下公共也”，此不是常态，而是过度美化。明中期以来，江南学者提出“是非者，天下之是非，自当听之于天下”和“公其是非于学校”的主张。其主要根源是明中期以来，苏松地区赋税之重和社会变迁，使他们对赋税等大是大非问题进行议论、批评。西北水利的失败，东林党人遭到镇压使他们认识到，谁掌握天下是非的标准十分重要。而江南学者之间，也有学术交往和思想影响。其是非之论的实质，是要求江南富户对国家大事的决定权。他们关心江南民生利病，或者更正确地说，是关心江南“有田者”即富民的经济利益，反对朝廷对东南的经济掠夺。

一、“是非”之论的发展演变过程

江南学者的“是非”之论，有一个发展演变的过程，由嘉靖、隆庆间昆山人归有光提出“国有大事必合天下之议”的廷议说开其端，到万历间无锡人顾宪成指出的东南地区出现有别于“庙堂之是非”的“外人之是非”论，再到明清之际昆山人顾炎武提出“政教风俗苟非尽善即许庶人议之”的清议说、余姚人黄宗羲提出“公其是非于学校，天子不敢自为是非”的学校说，总结以往江南学者和思想家对是非问题的认识成果，而最终走上对“天子之是非”的批判。

归有光生活于嘉靖、隆庆时，由于嘉靖以来吴中地区的社会变迁，他开始关心时务，是江南地区较早争辩是非问题的官员学者。隆庆元年（1567）浙江乡试，归有光以长兴令，入为外帘，代浙江乡试主考官拟定程策，他又一一作答，从其策问和作答中可见，归有光提出的重要命题：“国有大事，必合天下之议，所以集众思也”。他引用隋代王通“议其尽天下之公”来证已说，引用唐代韩愈“非三代两汉之文不观”之说，指出国家大事“必合天下之议”“议其尽天下之公”“尽天下所欲言”。

“三代以下，惟汉近古。”从制度上看，汉朝朝廷上有掌管议论的职官，即议郎，还有博士，政府大员：

“汉制：大夫掌论议。事有疑未决，则合中朝之士杂议之。自两府大臣，下至博士议郎，皆得尽其所见，而不嫌于以小臣与大臣抗衡，其道公矣。若明问所及，皆一时朝廷之大务。然非当时能询采博议，尽天下所欲言，何以粲然著于简策如此。”[1] 这就是说国家大事，首先朝廷上两府大臣、博士、议郎等各抒己见，集思广益，“尽天下所欲言”，充分表达意见，还要天子或宰相询采博议，才能定下来。

归有光列举历史上一些重大问题，比如针对土地兼并问题，董仲舒、师丹都提出限田，堵塞兼并之路，北魏孝文帝用李安世，实行均田制，说明均田之法并不泥古。又比如自齐桓公、管子搞盐铁官营，汉武帝时盐铁、均输、平准，都是官营，尽管有贤良文学之士反对，可盐铁官营，民不加赋而国用足。北魏宣武帝采甄琛建议，说明贤良文学之士的意见并不迂阔。“汉自武帝塞瓠子，其后河复数决，大为东郡害。平当领河堤，奏贾让之策……一代治河之说备矣。”贾让治河之策，是要给水留出蓄水区和行水区，迁徙河道

[1] 归有光:《震川先生别集》卷二上《隆庆元年浙江程策四道》，清（1644—1911）刻本。

中的民居和屏障，使黄河北入海河。这些事件，说明汉代以来朝廷上议论大是大非问题，有的采用了官员的意见，否定了学者的意见，但学者的意见并不见得迂阔。

同时，他还从理论上论述“必合天下之议”“尽天下之公”。即“欲尽天下之理者，必并天下之智，……必兼天下之谋，……天下之公尽矣。天下之公尽，而天下之理得矣。故古者，国有大事常令议臣集议，不专于一人，不徇于一说，惟其当而已。是故大臣之言必用，小臣之论必庸，众思之集必绎，一夫之见必伸。……大人合并而为公，此古之帝王所以用天下之议也。”即天下之理，要采纳天下大小臣工的意见，不必专于一人、徇于一说，只要恰当，尽天下之公，就可以。采纳，并由最高统治者合并，成为天下之公是公非，古代帝王采纳天下意见，就是如此。“天下之危，与天下安之；天下之失，与天下正之……故曰议其尽天下之公乎？”天下安危得失，必须由天下人参与，才能尽天下之公。

从历史看，秦汉确有一些大事，是经过廷议决定的。秦始皇二十六年（前221），丞相王绾等人提议，要分封功臣和皇帝的子弟为诸侯王。始皇下其议于群臣，群臣皆以为便。丞相李斯反对，秦始皇接受李斯建议。汉武帝时，朝廷九卿，都能参加廷议，朝臣以能参加廷议为荣。建元时，汉武帝就是否治窦婴、灌夫之罪，要求朝臣“东朝廷辩之”，即到长乐宫王太后处辩论。汉元帝时，如何对待珠崖的反叛，廷议或言可击，或言可守，或欲弃之。最后采纳贾捐之的建议，弃珠崖。当然，汉朝廷议之事还有很多。

归有光从汉朝官制、事例、道理等方面，阐述“天下之公议”的必要性、合理性。他认为，当今国家的重大问题，如“天下田赋未均”“盐课折阅”“徐（州）沛（县）年年有治河之役”，今日正应法后王，参考汉代做法，稍仿古代均田之法、国家取利之法不当甚密，治河之法当知贾让之上策等。天下田赋均，实际就是指东南苏松田赋重民贫，这就落到他关心的东南地区。而徐沛年年有治河之役，就落实到他关注的西北水利问题。这些问题，都是元明清江南籍官员学者关注的重要现实问题。

顾宪成生活于万历间，与他同时代且有交往和思想交流的王锡爵是太仓人。王锡爵曾给归有光写墓志铭，对归有光的学术和政治思想有相当的了解。万历十二年（1584）王锡爵作为大学士，能参与机务，对神宗提出“辟横议”建议。[1]万历十四年，顾宪成到北京拜谒王锡爵，王告诉顾，北京有“异事”:“庙堂所是，外人必以为非；庙堂所非，外人必以为是。”顾告诉王锡爵东南的“异事”:“外人所是，庙堂必以为非；外人所非，庙堂必以为是。”他们说完后，“相与笑而起”。他们绝不是在搞文字游戏，而是在谈论“庙堂”与“外人”两种对立的是非观。侯外庐先生指出，“外人”隐指以顾宪成为首的反封建专制主义的一些在野势力。[2]王锡爵和顾宪成，对东南与朝廷在是非问题上的对立态度会心一笑。这说明万历时江南地区出现了有别于“庙堂之是非”的“外人之是非”。顾宪成说“是非者，天下之是非，自当听之天下”[3]，表现了反对“朝廷之是非”而追求“天下之是非”的意愿。

明清之际黄宗羲提出“公其是非于学校，天子不

---

[1]《明史》卷二一八《王锡爵传》，中华书局1974年点校本。

[2] 侯外庐主编:《中国思想通史》第四卷下，人民出版社，1957—1960年，第111、1104页。

[3] 侯外庐主编:《中国思想通史》第四卷下，人民出版社，1957—1960年，第111、1104页。

敢自为是非”的学校说，顾炎武提出“政教风俗，苟非尽善，即许庶人议之”的清议说，把归有光、顾宪成对是非问题的争论推进了一步。黄宗羲赋予学校掌握政治是非标准的功能。他认为，古代学校兼有设计治国方略的任务，后代则是“天下之是非一出于朝廷。天子荣之，则群趋以为是；天子辱之，则群挞以为非”。一切以朝廷的是非为是非，实际造成了无是非的局面。书院曾一度掌握了天下是非权，和朝廷的是非发生了严重冲突，朝廷以政治压制书院的是非，是非的标准又统一于朝廷，但天下随之而亡。他认为学校“必使天子之所是未必是，天子之所非未必非，天子遂不敢自为是非，而公其是非于学校，……而学校不仅为养士而设”。即学校不仅应养士，而且应该掌握天下之公是非。在太学，选拔当世大儒或退休宰相为太学祭酒，其权威大于天子乃至宰相六卿，有权批评政治得失：“每朔日，天子临幸太学，宰相、六卿、谏议，皆从之。祭酒南面讲学，天子亦就弟子之列，政有缺失，祭酒直言无讳。”郡县学，学官的权威大于郡县官，“郡县朔望，大会一邑之缙绅士子，学官讲学，郡县官就弟子列，北面再拜……郡县官政事缺失，小则纠绳，大则伐鼓号于众”[1]，他赋予学校以批评政治得失的功能。在政治是非问题上，顾炎武与黄宗羲有相通之处，顾炎武认为应该有“清议”以评论政治得失：“天下有道则庶人不议，然则政教风俗苟非尽善，即许庶人议之。”如子产不毁乡校，汉文帝止辇受言，唐宪宗以白居易乐府诗来观时事得失。[2]这种评论政治得失的设想，要靠皇帝接受人民劝谏、讽刺、议论来实现。

从归有光，到顾宪成、王锡爵，再到黄宗羲、顾炎武，对政治是非问题的争论过程，基本如此。江南学者对是非问题的争论，在不同的阶段，有不同的特点。隆庆时，江南官员学者要求对田赋、盐课、治河、边事等具体经济、政治等问题的发言权，如归有光就说：“今庙堂方有郊社宗庙之议，而天下田赋未均，盐课折阅，历纪渐差授时之度，徐沛岁有治河之役，兀良哈之属夷翻为外应，受降城之故地弃为虏巢，则此数者，正今日之所宜考。毋谓汉卑而不足法，因是，而亦可以略追三代之遗文古义，而所谓法后王者，谓

[1] 黄宗羲：《明夷待访录·学校》，中华书局1981年点校本。

[2] 顾炎武：《日知录》卷一九《直言》，台湾商务印书馆影印文渊阁四库全书。

此也。”[1]这是提出应效法汉朝的廷议，来讨论、决定郊社宗庙和田赋、盐课、历法、治河、边事等国家大事的孰当孰否、孰是孰非问题。

万历时，江南学者在要求对经济问题的发言权外，又发展为要求具体政治问题的发言权，表现为东林党人如顾宪成等“讽议朝政,裁量执政”[2],即谴责朝政的腐败黑暗，反对阉党及其爪牙的专权乱政，反对矿税，要求惠商恤民，减轻赋税等。

明清之际，黄宗羲、顾炎武等对政治制度的大是大非问题，展开批判。黄宗羲认为，明朝政治最大之“非”是明太祖罢宰相:“有明之无善治，自高皇帝罢宰相始”，宫奴掌握宰相之权。古代皇帝和臣只是一位之差，后世小儒神化君权，“天子之位始不列于卿大夫士之间”。汉唐宰相与皇帝坐而论道，宋朝宰相只能立谈，明废宰相而设廷杖，皇帝“遂谓百官之设所以事我，能事我者我贤之，不能事我者我否之”。黄宗羲认为应恢复汉唐宰相参与议政、批阅章奏的

---

[1] 归有光:《震川先生别集》卷二上《隆庆元年浙江程策四道》，清(1644—1911)刻本。

[2]《明史》卷二三一《顾宪成传》，中华书局1974年点校本。

职权，[1] 这具有限制皇权的用意。同时他们认为应扩大地方的权力，顾炎武提出“以天下之权寄天下之人”，即把辟官、在政、理财、治军四权下放给郡县，使郡县既有其责，又有其权。[2] 王夫之也有同样的意见。自秦建立专制主义中央集权以来，地方权力归于中央，归于皇帝，而他们提出恢复宰相制和扩大郡县政治经济军事等权力的主张，就是反对专制主义中央集权。

二、“是非”之论的根源

如历代封建皇朝一样，明朝的政治是非标准掌握在皇帝手中。西汉杜周说：“三尺（法）安出哉？前主所是著为律，后主所是疏为令，当时为是，何古之法乎。”明神宗说：“前主所是著为律，后主所是疏为令，虽各因时制宜，而与治同道，则较若划一。”[3] 为什么明中期以来江南学者要起而争“是非”问题呢？这有

[1] 黄宗羲:《明夷待访录·置相》，中华书局 1981 年点校本。

[2] 顾炎武:《日知录》卷九《守令》，台湾商务印书馆影印文渊阁四库全书。

[3]《明会典·御制重修明会典序》，万有文库本。

许多原因。

首先，他们有独立的学术见解。关于顾炎武和黄宗羲的独立学术见解，学术界所论颇多，此不赘言。需特别指出的是，归有光是明中期敢于反对以朱子之是非为是非的第一人。他认为朱子的传注有功于孔子，但真能符合孔子原意的不过十分之三四，六经非一人之说所能决定，朱熹以一人一时之见解，不能都符合孔子原意而无一言之悖。[1] 他批评"世儒果于信传，而不深惟经之本意，至于其不能必合者，则宁屈经以从传，而不肯背传以从经。规规焉守其一说，白首而不得其要者众矣"[2]，表达了反对经学上以朱子之是非为是非、以阳明之是非为是非的思想。这使他们敢于对一切是非问题，进行重新认识。

其次，嘉靖以来苏松二府赋税之重，社会变迁，使他们对赋税不均和吏治风俗变迁等民生利病、大是大非，进行议论批评。归有光说："昔之为者非矣，而

[1] 归有光:《震川先生集》卷一〇《送王子敬之任建宁序》，上海古籍出版社1981年点校本。

[2] 归有光:《震川先生集》卷九《送何氏二子序》，上海古籍出版社1981年点校本。

天下之民常安，田常均，而法常行；今之为者是矣，而天下之民常不安，田常不均，而法常不行，此可思其故”[1]“吾县之人力耕以供赋贡……独于是非之实亦有不能昧者”[2]。在对国家承担了较多漕粮赋税时，要针对“是非”“是非之实”，进行“思其故”。他的朋友郑若曾认为，苏松土壤条件“水多而土淖，故田为第九等而下下”，但是“今日赋额之重，惟苏松为最”，表示“愚不能无议”[3]。

东南官员学者，特别重视赋税制度的沿革。归有光批评《一统志》和《明会典》没有反映各地山川原委、方物土贡、土壤等第，松江人何良俊批评《明实录》对典章制度记载失当，上海人王圻于万历间著成《续文献通考》。明亡后，顾炎武著《日知录》和《天下郡国利病书》。重视典章制度是明中期以来吴中学者共同的学术特点，归有光、何良俊是较早倡议的，王圻

[1] 归有光:《震川先生集》卷一〇《送许子云之任分宜序》，上海古籍出版社1981年点校本。

[2] 归有光:《震川先生集》卷一一《赠张别驾序》，上海古籍出版社1981年点校本。

[3] 郑若曾:《郑开阳杂著》卷一一《苏松浮赋议》，台湾商务印书馆影印文渊阁四库全书。

是最有成就的，顾炎武和黄宗羲总结批判了专制主义经济制度的掠夺性和政治是非的独断性。由对江南重赋等民生利病问题的关注，到对记载经济政治是非的典章制度史的批判，再到对政治制度的总批判，表现了明中期以来江南籍官员学者由对东南民生利病的关注，到对典章制度史的不满，再到对社会制度的批判的曲折的认识历程。

再次，嘉靖、隆庆、万历至天启、崇祯间，江南人要求减免苏松赋税之意愿，被苏松官员们（不见得是苏松籍的）嘲笑，而发展西北水利的建议和实践也被朝廷否定，这使江南籍官员学者认识到，争取政治是非决定权的重要性。嘉靖间，苏松官员“闻蠲赋之语，往往相顾而笑”[1]，而他们的三吴水利建议，往往“格于因循积习之论”[2]，兴修西北水利以解决北京粮食供应的建议和实践，最终也被朝廷中的北方官员否定。嘉靖十九年（1540），归有光在南京乡试中提出西北水

[1] 归有光:《震川先生集》卷一一《送周御史序》，上海古籍出版社1981年点校本。

[2] 归有光:《震川先生集》卷一六《常熟县赵段圩堤记》，上海古籍出版社1981年点校本。

利建议，贵溪人徐贞明是西北水利的积极提倡者和实践者。万历十二年（1584），长洲人申时行为首辅，歙县人许国为次辅，太仓人王锡爵兼文渊阁大学士，“三人皆南畿人，而锡爵与时行同举会试，且同郡，政府相得甚”[1]，他们支持徐贞明开畿内水田。[2]徐贞明在京东地区开垦水利田三万九千余亩，而出身北方、占有大量荒地的宦官和官员，担心水利修成后，会像江南一样纳税，于是在神宗面前反对这件事，徐贞明被迫退回家乡。[3]这意味着，江南人试图解决江南重赋问题，却失败了。归有光之子归子宁痛心地说：“徐公……开西北水利，诚百世之利，亦中止而不行。今东南民困已极……乃今西北之水田既废已久，而惟仰给东南一隅……子宁每怀杞人之忧。”[4]这使江南籍官员学者认识到，政治是非的决定权，比技术因素更重要。

而明末东林党人的“是非”，遭到朝廷压制的教训，更使复社中人黄宗羲认识到，政治是非决定权的重要。

[1] 《明史》卷二一八《王锡爵传》，中华书局1974年点校本。

[2] 《明史》卷一〇六《申时行传》，中华书局1974年点校本。

[3] 《明史》卷一一一《徐贞明传》，中华书局1974年点校本。

[4] 归子宁：《论东南水利复沈广文》，《三吴水利录·附录》，商务印书馆，1936年。

他对以朝廷是非压制书院是非记忆犹新:“(书院)有所非也,则朝廷必以为是而荣之;有所是也,则朝廷必以为非而辱之”,于是禁伪学、毁书院。他认为“必欲以朝廷之权与之争胜”,使天下是非统一于朝廷,这“不特不能养士,且至于害士”。他痛心地指出,镇压书院的是非权,是明亡的原因:“使当日之在朝廷者,以其(学校)所非是为非是,将见盗贼奸邪慑心于霜雪之下,君安而国可保也;乃论者目之为衰世之事,不知其所以亡者,收捕党人,编管陈欧,正坐破坏学校所致,而反咎学校之人乎?”[1]惨痛的教训,使他更重视是非的决定权,因而,在论述中,赋予学校决定政治是非的功能。

最后,江南学者之间有学术和思想的交往和影响,归有光之于顾炎武,顾宪成之于黄宗羲,黄宗羲与顾炎武,都有间接或直接的影响。顾炎武与归有光同县,乡里相距不远,他与归有光之曾孙归庄是复社中同志好友,他们“入则读书作文,出则登山临水,间以觞咏,弥日竟昔,……归生与余,无日不作诗,往来又日密,

[1] 黄宗羲:《明夷待访录·学校》,中华书局1981年点校本。

如是者又十年”[1]。归庄编辑刊行《震川先生集》，毫无疑问，顾炎武会受到归有光的影响。《天下郡国利弊书》中有三处引用归有光的论述，一是论三区赋役水利书，二是三吴水利录，三是归有光关于三江实即一江说。

黄宗羲是复社中人，无疑受到东林党人的影响，他在《明夷待访录》中评论明朝政治、经济、军制等，其思想得到顾炎武的赞同。康熙十五年（1676），顾炎武在蓟门，致书黄宗羲：“大著《待访录》读之再三，于是知天下之未尝无人，百王之弊可以复起，而三代之盛可以徐还也。天下之事，有其识者未必遭其时，而当其时者或无其识，古之君子所以著书待后，有王者起，得而师之……炎武以管见为《日知录》一书，窃自幸其中所论，同于先生者十之六七。”[2] 日常交往或学术交流，必然影响到思想。以上诸人的“是非”之论，虽然语言表达形式不同，但实质是一致的。

[1] 顾炎武:《亭林余集·从叔父姆庵府君行状》，中华书局，1959年。

[2] 黄宗羲:《思旧录·顾炎武》，清光绪间五桂楼刻本。

三、“是非”之论的实质及历史地位

归有光的廷议论，顾宪成的“外人之是非”论，顾炎武的庶人议政论，以及黄宗羲的学校是非论，其实质是什么？他们果真认为政治是非，应由全体人民决定吗？非也。他们其实是在要求江南富户对国家大事的决定权。归有光对苏松二府田赋之重、江南赋税不均十分不满，他说：“江右田土不相悬，而税入多寡殊绝……苏州田不及淮安半，而吴赋十倍于淮阴；松江（府）二县，粮与畿内八府百十七县埒，其不均如此。”[1]他看到东南民力衰竭，与国家赋税之矛盾，说：“东南之民何其疲也？以蕞尔之地，天下仰给焉……东南民力物产虽号殷盛，而耗屈已甚，非复曩昔。”[2]他认为吴中富民的破产，是因为嘉靖以来苏松重赋，根本原因是国家取之东南、用之西北，但不重视东南

[1] 归有光:《震川先生集》卷二五《通议大夫都察院左副都御史李公（宪卿）行状》，上海古籍出版社 1981 年点校本。

[2] 归有光:《震川先生集》卷九《送县大夫杨侯序》，上海古籍出版社 1981 年点校本。

水利，不救济饥荒，因此他提倡西北水利和东南水利，而又认为国家应该实行“安富之道”，保护“大户”富民的利益。[1] 同时，昆山人郑若曾著《苏松浮赋议》，指出明朝苏松二府田赋总额311万石，比宋元时100万石增加2倍，比湖广和福建两省赋税总额还多10万石，比直隶其他12府78县赋税总额165万石多近1倍；用具体数字论证苏松赋重，直接损害“有田者”的实际利益，“苏松……有田者为赋役所困，竟竟乎朝不保夕”[2]，他认为“天下惟东南民力最竭，而东南之民又惟有田者最苦”[3]。

万历时，武进人唐鹤征著《武进志》，对江南民田重赋表示不满。顾炎武在《日知录》中写下《苏松二府田赋之重》专文，对“国家失累代之公田而小民乃代官佃纳无涯之租赋”，感到“事之不平，莫甚于此”，认为要改变富民的破产，应重新丈量土地，定其土壤

[1] 归有光：《震川先生集》卷八《昆山县倭寇始末书》，上海古籍出版社1981年点校本。

[2] 郑若曾：《郑开阳杂著》卷一一《苏松浮赋议》，台湾商务印书馆影印文渊阁四库全书。

[3] 郑若曾：《江南经略·凡例》，台湾商务印书馆影印文渊阁四库全书。

等第，依等纳税。[1] 黄宗羲认为，每户应授田五十亩，其余土地听富民自占。

同时，他们都反对朝廷实行漕运制度、对东南的经济掠夺。归有光批评“天下之大而专仰给东南”“(国家)取者无穷而(东南)民生日蹶”[2]，顾炎武批评“今之人君，尽四海之内，为我郡县犹不足”[3]的经济掠夺，黄宗羲对“江南之民竭于输挽，大府之金钱靡于河道”[4]“郡县之赋……解运之京师者十有九”[5]的赋税、漕运之制，深为不满。他们关心江南民生利病，或者确切地说，是关心江南“有田者”即富民的利益，而反对朝廷的无限权力，反对朝廷对东南富民的经济掠夺。因此其是非之论的实质，是要求江南富民对国家政治是非的议政权和决定权，是有其阶级和地域特色的。

---

[1] 顾炎武:《日知录》卷一二《苏松二府田赋之重》，台湾商务印书馆影印文渊阁四库全书。

[2] 归有光:《震川先生别集》卷二上《嘉靖庚子科乡试对策》，清(1611—1911)刻本。

[3] 顾炎武:《亭林文集》卷一《郡县论》，上海涵芬楼1922年影印本。

[4] 黄宗羲:《明夷待访录·建都》，中华书局1981年点校本。

[5] 黄宗羲:《明夷待访录·田制一》，中华书局1981年点校本。

明中期以来江南学者的是非之论，在历史上占有重要地位。封建社会判断政治是非，主要依据“上之是非”和“古之是非”:“上之所是必亦是之，上之所非必亦非之”[1];“古之所是则谓之是，古之所非则谓之非”[2]。这两条也是皇帝的是非标准和孔子的是非标准。前者是政治的，法律的；后者是学术的而又为政治服务。君主专制统治有渐强之趋势，但明中期以来出现了反君主专制的思想，这种反对，基本沿着两条线开展而又不是绝然分开的。

李贽，是从学术方面，坚决反对以孔子之是非标准为是非的思想家。他指出，汉唐宋千百余年间“咸以孔子之是非为是非”，等于无是非，而提倡“今日之是非”[3]并用于历史评论中。

归有光、顾宪成、顾炎武、黄宗羲是从政治经济方面反对“天子之是非”，而提倡“天下之是非”的学者和思想家，他们的“是非”之论，具有明显的反专制主义的特点。顾宪成、顾炎武、黄宗羲的反专制主

[1] 《墨子》卷三《尚同中》，上海古籍出版社影印本。

[2] 李觏:《直讲李先生文集》卷二九《原文》，台湾商务印书馆影印本。

[3] 李贽:《藏书·世纪列传总目前论》，中华书局1959年点校本。

义思想，不难理解；关于归有光，则需多说几句。他提出应效法汉朝的廷议，由廷议讨论、决定郊社宗庙和盐铁、历律、河渠、边事等重大问题孰当孰否、孰重孰轻、孰是孰非，这说明什么呢？汉朝的廷议制对皇权有制约。何兹全先生指出：“皇帝的废立、国家大事、立法、官爵、封赠等，皆可由廷议提出意见，或由廷议作出决定。廷议由皇帝诏令召集，意见由皇帝最后裁决。这种制度……对皇帝权力不无限制作用。”[1]

归有光提倡效法汉朝廷议，认为应该限制皇权不顾盐铁、治河、边事等有关民生利病国家安危问题，而一味讲究郊社、宗庙的思想意识。尽管元人邓牧早已有民主思想，但那是他的“独鼓”之音。[2] 明中期以来江南学者的“是非”之论，不仅在当时有知音，而且在晚清，有梁启超、谭嗣同这样的同调，对鼓动近代资产阶级革命，起了思想启蒙作用。甚至可以说，辛亥革命后，东南各省自保，未必没有这些历史因素的影响。

[1] 何兹全：《中国古代社会》，河南人民出版社，1991 年，第 315—316 页。

[2] 邓牧：《伯牙琴·自序》，中华书局 1959 年点校本。

最后要强调的是，明中期以来江南学者的“是非”之论，对明清之际批判专制主义思潮的产生，有思想启发作用，因为尽管有明清更迭对顾炎武、黄宗羲的影响，但促使归有光、顾宪成等人起而争是非决定权的社会经济根源，即东南民生利病，不仅没有好转，而且在明末越发严重，成为广泛的“天下郡国利病”。他们由对江南重赋等东南民生利病问题的关注，发展为经济、政治是非标准的争论，通过对记载经济政治制度的典章制度史的不满、批评、研究之折射，最后走上对封建社会政治制度的总批判，这就是明中期以来江南学者基本的心路历程。

元明清对华北水利认识的发展变化

——以对畿辅水土性质的争论为中心

元明清时期，江南籍官员学者，提倡发展畿辅水利，以就近解决首都的粮食供应问题，缓解对东南的粮食压力。这种思想主张，基本没有实现。其中原因相当复杂，既有政治、经济与社会等方面的因素，也有自然条件的因素，同时也有人们对畿辅水土特性认识上的分歧。这种对华北水土特性认识上的分歧、摇摆，左右着国家对华北水利的政策。探讨元明清时期人们对华北水利的认识，对今天应对华北干旱少雨的气候状况，有一定的启示意义。元明清时期，人们对华北水利的认识，经过了比较曲折的发展历程。北方籍官员认为华北河道不可开渠、不可种稻，而江南籍官员学者，则以古今华北个别地方种稻的历史和现实，反驳了华北不宜种稻的言论。到了道光时期，人们对华北水利的认识则比较辩证。桂超万、李鸿章对华北水利的态度，从支持变为反对，根本原因在于清后期华北气候干旱、水源减少，北京粮食供应不完全依赖漕运东南粮食，东北粮食进入北京，国家减少江南赋额漕额，直到停止漕运等。水源和气候状况表明，旱地作物，更适合华北的气候和水源状况。

一、畿辅水土不宜发展水利的说法

畿辅地区，大致包括今京、津两市，河北省及山西部分地区。其地势西北高东南低，有许多自然水系和人工渠道，如永定河、滹沱河、漳河、南运河和北运河等及其大小支流，如淀、泊、沽、汊等，是发展农田水利的先决条件。但是，元明清时期，有些北方籍官员认为，河北诸水不宜发展农田水利。元朝至元十九年（1282）左右，朝廷拟议“分立诸路水利官”，胡祗遹著文，论此事有“六不可”，其中第一、四两条指出：“均为一水也，其性各有不同，有薄田伤稼者，有肥田益苗者，怀州丹、沁二水相去不远。丹水利民，沁水反为害。百余年之桑枣梨柿，茂材巨木，沁水一过，皆浸渍而死，禾稼亦不荣茂，以此言之，利与害与？似此一水，不唯不可开，当塞之使复故道以除农害，此水性之当审，不可遽开，一也”；“滏水、漳水、李河等水，河道岸深，不能便得为用，必于水源开凿，不宽百余步，不能容水势，霖雨泛溢，尚且为害，又长数百里，未得灌溉之利，所凿之路，先夺农田数千顷，此四不可也”[1]。其说法，不符合事实。战国时魏国就利用漳河修筑十二渠发展水利，元中统二年（1261）沁河上修成长670里的广济渠，20余年中每年灌田3000余顷。[2]明清时又利用滏阳河发展水利灌溉。胡祇遹既不知漳水十二渠，又不知当世水利，但是他职位较高，其意见具有一定的影响力。

明万历十四年（1586），徐贞明准备大兴水利时，“奄人勋戚之占闲田为业者，恐水田兴而己失其利也，争言不便，为蜚语闻于帝，帝惑之……御史王之栋，

[1] 胡祇遹：《紫山大全集》卷一九《论司农司》，台湾商务印书馆影印文渊阁四库全书。

[2] 《元史》卷六五《河渠志二・广济渠》，中华书局1976年点校本。

畿辅人也，遂言水田必不可行，且陈开滹沱不便者十二”[1]。其中有三条是说滹沱河不宜发展水利:“二谓堙塞无定，故道难复。三谓深州故道，枉费无成；且水势漂湃，流派难分。四谓挑浚狭浅，难杀水势；且淤沙害田，难资灌溉。”[2]由于明神宗不辨是非，左右宦官都是畿辅人，在皇帝面前提出反对意见，明神宗采纳御史王之栋的意见，徐贞明的西北水利主张，最终不能实行。

清代，同样存在着关于河北水道不宜发展水利、不宜种稻的意见。大约嘉庆二十年（1815）至道光二年（1822）时，云南人程含章就提出天时、地利、土俗、人情、牛种、器具异宜共六条理由，论证北方不可推广水田种植。他指出，北方春夏干旱少雨，而这正是水稻的插秧时节，雨热条件与水稻生长季节不同步，制约水稻生产；北方土性浮松，遇夏季暴雨，河水泥沙多，挑浚不便。北方人民生活、生产习惯不同于南方，也不利于水稻种植。北方不具备水稻生产所

[1] 《明史》卷二二三《徐贞明传》，中华书局 1974 年点校本。

[2] 《明神宗实录》卷一七二，万历十四年三月癸卯，中华书局 2016 年影印本。

需要的水牛和农具等。[1] 这些看法，有些有道理，有些则不然。北方水源丰沛之地种稻不少，如河北的玉田、磁州、丰润，京西，东北，新疆伊犁等地。程含章既然反对北方水利，那么，道光三年（1823）朝廷命他署工部侍郎，“办理直隶水利事务”，虽然不能说是所托非人，但是程含章奉命办理直隶水利，只是兴办大工九，没有进行农田水利建设，除了因为他“寻调仓场侍郎。五年授浙江巡抚”[2] 外,恐怕与他反对北方发展农田水利的态度，不无关系。

浙江元和人沈联芳，大约于嘉庆六年（1801）或其后不久，著成《邦畿水利集说》:“近代以来，蓟、永、丰、玉、津、霸等处，营成水田，并有成效。使尽因其利而利之，畿南不皆为沃野乎？然利之所在，即害之所伏。其在圣祖、世宗年间，淀池深广，未垦之地甚多，故当日怡贤亲王查办兴利之处居多。乾隆二十八九年（1763、1764）闻制府方恪敏时，除害与

[1] 贺长龄、魏源编:《清经世文编》卷一〇八《覆黎河帅论北方水利书》，中华书局，1992 年。

[2] 《清史稿》卷三八一《程含章传》，民国（1912—1919）铅印本。

兴利参半，今则惟求除害矣。”[1] 从除水害的观点出发，沈联芳对发展畿辅农田水利，提出了四难、四宜和三不宜之说。四难是指：永定河堤坝内流沙淤积，河身成淤地，洼下变高原。东淀日就淤浅，三角淀、叶淀、沙家淀阗积，无可分潴水流；东淀与南北两运，争夺三岔口入海，导致泛涨。乾隆五十九年（1794）后，北泊淤平大半，滹沱频决东堤，将淹没新城、冀县。文安居九河下梢，素称水乡，历来筹议河防者，迄无良策。嘉庆六年大水后，长堤荡决，居民任其通流荡漾，不以筑堤为事。他提出了解决这些问题的方案：青县和沧州两减河宜改闸，天津和静海运河西岸宜设堤防，疏天津七闸、引河分泄海河水势，开沟叠道。

沈联芳还提出了三不宜之说，即“浊水不宜分流”“河间不宜水田”“淀泊淤地不宜耕种”。浊水不宜分流，指滹沱河、漳河上游不可分流，分流则水势弱，易于淤积，无法利用其水。河间不宜水田，指元明时期河间处于唐河下游，又有滹沱河支流经其地，源流不绝，可以引灌。明末清初，唐河、滹沱河水势渐弱。

[1] 贺长龄、魏源编：《清经世文编》卷一〇九《邦畿水利集说总论》，中华书局，1992 年。

嘉庆时，二河改道，不经河间，河间无径流，不能种稻。水源变少，自然不宜发展水田。淀泊淤地不宜耕种，指淀泊可以作为河流潴留之地，不可因眼前的“围圩耕种”利益而破坏其蓄水功能。嘉庆六年、十三年畿辅大水，自然应消除积水。[1]

以上两种意见，都有其合理性。但主要强调除水害，不重视兴水利。道光初，龚自珍肯定其著作为“异书”，阅读并手校《畿辅水利集说》，[2] 道光二年（1822）龚自珍作《最录邦畿水利图说》，[3] 而潘锡恩批评其不重视兴水利的态度，贺长龄和魏源《皇朝经世文编》则表示应“随时斟酌”。

元明清时关于河北不宜发展水利的看法，有两个要点，一是华北河道不宜开河修渠，不能发展水利；二是北方不宜种植水稻。从时间看，元明时期，反对发展北方水利者，主要强调畿辅河道不宜开凿渠道，如胡祇遹关于沁水、滏阳河、漳河等不宜开渠的说法，

[1] 潘锡恩编：《畿辅水利四案·附录》，道光三年刻本。

[2] 龚自珍：《龚自珍全集》附录吴昌硕《龚自珍年谱》，上海人民出版社，1975 年。

[3] 龚自珍：《龚自珍全集》第三辑《最录邦畿水利图说》，上海人民出版社，1975 年。

王之栋关于滹沱河水不宜开渠的论调，他们的说法不符合事实。明清反对发展畿辅水利者，主要坚持河北不宜种植水稻。沈联芳只强调消除水害，不关注兴修水利，他要人们注意发展河北水利的困难和应对措施。从胡祗遹到沈联芳，时间过去了 500 多年。从河北诸水皆不宜发展水利，到河间不宜发展水田，说明随着时间推移，河北的降水和河流情况发生了变化，气候干旱、水源减少，使人们不再坚持认为河北不宜发展水利，也说明人们对畿辅水利的认识是有进步的。而元明清关于北方水土特性不宜发展水利、不宜种稻的看法，促使主张发展畿辅水利者来论证这些问题，从而推动了对北方水土特性的认识。

二、畿辅水土特性宜于水利水稻的认识

由于北方籍官员坚持畿辅河道不宜开渠、不宜种稻的观点，江南籍官员中主张发展畿辅水利者，就着力论证河北水土性质宜于发展水利、适宜种稻。

清雍正四年（1726），蓝鼎元作《论北直隶水利疏》，辨析了北方不宜发展水田、北地无水和北方不

宜修筑堤岸之疑惑："今所虑者，或谓南北异宜，水田必不宜于北方。此甚不然。永平、蓟州、玉田、丰润，漠漠春畴，深耕易耨者，何物乎？或谓北地无水，雨集则沟浍洪涛，雨过则万壑焦枯，虽有河而不能得河之利。此可以闸坝蓄泻，多建堤防，以蕴其势，使河中常常有水，而因时启闭，使旱潦不能为害者也。或谓北方无实土，水流沙溃，堤岸不能坚固，朝成河而暮淤陆，此则当费经营耳。然黄河两岸，一概浮沙，以苇承泥，亦能捍御。诚不惜工力，疏浚加深，以治黄之法，堆砌两岸，而渠水不类黄强，则一劳永逸，未尝不可恃也。"[1] 蓝鼎元从对水性、土性认识上，支持了畿辅水利的开展。

雍正四年，怡贤亲王允祥、大学士朱轼主持举行畿辅水利，其在《畿南请设营田疏》中云："至浮议之惑民，其说有二。一曰北方土性不宜稻也。凡种植之宜，因地燥湿，未闻有南北之分，即今玉田、丰润、满城、涿州以及广平、正定所属，不乏水田，何尝不岁岁成熟乎？一曰北方之水，暴涨则溢，旋退即涸，

[1] 贺长龄、魏源编：《清经世文编》卷一〇八《论北直隶水利疏》，中华书局，1992 年。

能为害不能为利也。夫山谷之泉源不竭，沧海之潮汐日至，长河大泽之流，遇旱未尝尽涸也，况陂塘乏储，有备无患乎。”[1]这份奏疏，有力地反驳了反对者对畿辅水土特性的看法，促成了雍正年间畿辅水利营田四局的设立，并受到后人的高度重视。道光四年（1824）潘锡恩所编《畿辅水利四案初案》、吴邦庆编著的《畿辅河道水利丛书》之《怡贤亲王疏抄》、道光六年贺长龄和魏源所编《清经世文编》的卷一〇八《工政十四直隶水利中》等，都收录了此篇奏疏。

乾隆九年（1744）五月初八日，山西道监察御史柴潮生上《敬陈水利救荒疏》，受到乾隆帝和朝廷大臣的赞赏，启动了乾隆九年至十二年的畿辅水利。当时反对北方水利的看法有三点，即北土高燥不宜稻种、土性沙碱易于渗漏、开筑沟渠占用民地导致民怨。他一一驳斥了这些看法。关于“北土高燥不宜稻种”的问题，柴潮生首先回顾了京畿地区在汉、北齐、北宋、明、清等朝修水利种水稻的历史，又“访闻直隶士民，皆云有水之田，较无水之田，相去不啻再倍”。古今

[1] 贺长龄、魏源编：《清经世文编》卷一〇九《畿南请设营田疏》，中华书局，1992年。

修水利种水稻的事实，使他坚信直隶水利可兴："九土之种异宜，未闻稻非冀州之产。现今玉田、丰润，粳稻油油，且今第为之兴水利耳，固不必强之为水田也，或疏或浚，则用官资，可稻可禾，听从民便，此不疑者一也。"柴潮生重视水利，但不拘泥于开水田、种水稻，是考虑了河北各地水情地势的复杂性。

关于水的渗漏问题，柴潮生说："土性沙碱，是诚有之，不过数处耳，岂遍地皆沙碱乎，且即使沙碱，而多一行水之道，比听其冲溢者，犹愈于已乎，不疑者二也。"这些意见都有道理，但他没有提出解决的办法。关于这个问题，徐光启《农政全书》已经有方法。光绪元年（1875），淮军统领周盛传遵照李鸿章的意见，在天津海滨开垦屯田。周盛传研究了前代津东水利旋修旋废的原因，认为"其故盖缘引水河沟，规制太窄，海滨土质松懈，一遇暴雨横潦，浮沙松土，并流入沟，惰农不加挑挖，不数年而淤为平地，此沟洫所以易废也"。他提出了用石灰或三合土铺砌沟渠底部以防冲荡的方法："海上沙土，遇水则泄，非用三合土锤炼镶底丈余，不足以御冲荡。闸板须置两层，则水不能过，泥亦易捞。前人建闸，或亦未尽如法。潮汐上下，坍刷日久，必至倾圮淤垫，此闸洞所以易废也。”[1] 直至清末，才用技术解决了北方沙土易于渗漏的问题。这说明，畿辅水利论者，必须拿出解决渠道渗漏的办法，徒然争论是不能服人的。

关于挖掘民地招致民怨的问题，雍正年间畿辅水利时已有成案，即或将渠道堤岸占用民地之租，计亩均摊到其他民地，或用附近官地拨补占用的熟田升科河淀洼地。柴潮生说：“以沟渠为损地，尤非知农事者。凡力田者务尽力，而不贵多垦。……今使十亩之地，损一亩以蓄水，而九亩倍收，与十亩之田皆薄入，孰利？况损者又予拨还，不疑者三也。”在农田中，修蓄水池或沟渠，保证灌溉，表面上占用了农田，实际上可供农田灌溉，比无蓄水池或沟渠而农田薄收效益明显，况且国家还拨给修蓄水池沟渠所占地亩的补偿。柴潮生的论证，为国家举行畿辅水利提供了重要历史根据和理论依据，启发了乾隆帝，乾隆阅后要求“速议”。大学士鄂尔泰等会同九卿议覆“柴潮生所奏，诚

[1] 盛康、盛宣怀编，葛士浚辑：《皇朝经世文续编》卷三九《议覆津东水利稿》，上海图书集成局清光绪十四年铅印本。

非无据”[1],启动了乾隆九年至十二年吏部尚书刘于义、直隶总督高斌等主持的畿辅水利。

针对关于永定河不宜发展水利的看法，乾隆十四年（1749），李光昭修、周琰纂《东安县志》卷十五《河渠志》论永定河利弊，廓清了人们在利用永定河水利上的错误认识。

永定河是否可以开渠？李光昭在《东安县志》中说:“浑河水浊而性悍，水浊则易淤，性悍则难制，其如所过，辄四散奔突”，自康熙三十七年（1698）筑坝后，“河日淤高，堤日增长。现在堤身外高二丈有余，内高不过五六尺。乾隆七、八（1742、1743）两年大汛之时，七工以下水面离堤坝相距，不及一尺。若非诸坝为之分泄,势必平漫矣”。永定河本身水浊易淤积，修成大坝后，有些地方水面离堤坝才一尺，只要一开沟渠，势必平漫。因此永定河两岸，不可开渠，应使分道浇灌。

那么如何利用永定河水利？“两旁多种高粮，皆获丰收，菽粟或有损伤。浑河所过之处，地肥土润，

[1] 潘锡恩编:《畿辅水利四案·二案》，道光三年刻本。

可种秋麦，其收必倍。谚云：一麦抵三秋，此之谓也。小民止言过水时之害，不言倍收时之利。此浮议之不可轻信者也。余尝称永定河为无用河，以其不通舟楫，不资灌溉，不产鱼虾。然其所长独能淤地，自康熙三十七年以后，冰窖、堂二铺、信安、胜芳等村宽长约数十里，尽成沃壤。雍正四年以后，东沽港、王庆坨、安光、六道口等村，宽长几三十里，悉为乐土。兹数十村者，皆昔日滨水荒乡也。今则富庶甲于诸邑矣。与泾、漳二水之利，何以异哉？故浑河者，患在目前，而利在日后。目前之患有限，而日后之利无穷也。”浑河两岸土地可种高粱，高粱茎高，耐旱、耐涝、耐盐碱，可获丰收。麦汛之后，所过留下淤泥，土壤肥润，利于秋麦。康熙三十七年后，冰窖、堂二铺、信安、胜芳等村宽长约数十里，尽成沃壤；雍正四年以后，东沽港、王庆坨、安光、六道口等村，宽长几十里，皆成乐土。这几十村落，昔日皆滨水荒乡，现在富庶甲于诸邑，水利不亚于泾水、漳水之利。所以永淀河水利，利在可以淤地。

东西两淀周围淤地，是否可占种耕垦？李光昭《东安县志》认为，淀泊周围淤地不可耕种，宜留为容水之区即泄洪区，“北方之淀，即南方之湖，容水之区也。南方河港多而湖深，北方河港少而淀浅，是淀之利害，尤甚于湖也。读雍正四年怡贤亲王条奏：‘今日之淀，较之昔日淤几半矣。’淀池多一尺之淤，即少受一尺之水。淤者不能浚之复深，复围而筑之，使盛涨之水，不得漫衍于其间,是与水争地矣。下流不畅,容纳无所，水不旁溢，将安之乎？是故借淀泊所淤之地，为民间报垦之田，非计之得也者”[1]。李光昭来自绍兴，了解南北方水势。他认为北方河淀是容水之区。淀池淤积，不能挑浚，又筑堤坝，会使大水无处容身，势必漫衍田地，这是人与水争地。有些地方官员认可农民在河淀淤地上种植庄稼，报垦升科，这样会鼓励农民占种河淀淤地，不利于河淀行洪。因此李光昭认为东西两淀周围，不可占种耕垦。

章学诚、马钟秀等都认为“李光昭《东安县志》论永定河利弊,最为详明”[2],并在其分别纂修的《永清县志》和《安次县志》中全文引用了李光昭的《东安县志》中的论述。

---

[1] 章学诚:《永清县志》卷八《水道图第三》，乾隆四十四年刻本。

[2] 章学诚:《永清县志》卷八《水道图第三》，乾隆四十四年刻本。

道光三年（1823），畿辅大水，朝廷派员勘察直隶水灾河道情形。京师宣武门外居住的南方籍官员学者，还有个别北方官员学者欢欣鼓舞，纷纷著书立说，搜集历代及当代畿辅水利事迹，试图为畿辅水利提供借鉴。道光四年，吴邦庆编撰《畿辅河道水利丛书》，批判了元明时北方官员反对兴修畿辅水利的种种观点。

关于畿辅河流不宜发展农田水利的观点，反对者有三种理由：一是“胼胝之劳，十倍旱田，北方民性习于偷逸，不耐作苦”；二是“南方之水多清，北方之水多浊，清水安流有定，浊水迁徙不常，又北水性猛，北土性松，以松土遇猛流，啮决不常，利不可以久享”；三是“直隶诸水，大约发源西北，地势建瓴，浮沙碱土，挟之而下，石水斗泥，当其下流，尤易淹塞，疏瀹之功，难以常施”[1]。即畿辅民性、水性、土性都不宜发展农田水利。

吴邦庆论证了畿辅河道是否宜于水利和种稻的问题，他说：“畿辅诸川，非尽可用之水，亦非尽不可用之水；即用水之区，不必尽可艺稻之地，亦未尝无可

[1] 吴邦庆：《畿辅河道水利丛书·水利营田图说跋》，农业出版社，1964年。

以艺稻之地。”[1]畿辅各大河，不全是可用之水，也不是全不可用之水，即可用水之区，不见得全部土地都可种水稻，也未尝无种水稻之地、用水之区。是否种植水稻，要看具体情况，因地制宜。他认为“畿辅三大水不可用：永定也；滹沱也；前北行入界之漳河也。其流浊，其势猛，其消落无常，势不受制；惟善肥地，所过之处，往往变斥卤为腴壤；至欲设闸坝，资灌溉则不能”[2]。即永定河、滹沱河、漳河，流浊、势猛，涨落无常，不受控制，可以淤地，但不可用闸坝灌溉。实际上，上游在三家店地区，就有水利灌溉。

吴邦庆历数畿辅各县河流泉源潮汐，或“可用河以成田”，或“可用泉以成田”，或“可用潮汐以成田”，或“筑圩通渠以成田”，认为即使难以利用的永定河，也可以用其上游之水。[3]他反驳说：“安在其有弃水也。若以一水之不可用，遂并众水而弃之；见一处之湮塞难通，遂谓通省皆然，则似难语以兴修乐利矣。”要具

[1] 吴邦庆：《畿辅河道水利丛书·水利营田图说跋》，农业出版社，1964年。

[2] 吴邦庆：《畿辅河道水利丛书·潞水客谈序》，农业出版社，1964年。

[3] 吴邦庆：《畿辅河道水利丛书·水利营田图说跋》，农业出版社，1964年。

体情况具体分析，不能一概而论。如果一水不可用，于是放弃利用众水，一处湮塞难通，于是说全省皆然，以偏概全，难与之谈兴修水利。因此，“水性清浊、土性刚柔之说，有不可尽信者。至谓北土民惰，不耐火耕水耨之劳，夫民岂有定性哉，齐之以法，诱之以利，转变在岁时耳！不足致疑，故无庸置辩云”[1]。水性清浊、土性刚柔，要具体分析。民情不善于水耨火耕，也可劝导。他的观点是全面的、辩证的。

关于水利营田后是否种植水稻的问题，吴邦庆提出：水利田“地成之后，但资灌溉之利，不必定种粳稻。察其土之所宜，黍稷麻麦，听从其便。又开渠则设渠长，建闸则设闸夫，闸头严立水则，以杜争端，设立专职，以时巡行，牧令中有能勤于劝导者，即登荐以示鼓励”[2]。针对北人以北方不宜种稻为理由来反对畿辅水利，吴邦庆提出“但资灌溉之利”的目标，因地制宜，可以种植旱地作物，也可以种植水稻。同时要设立渠长、闸夫、水则，杜绝争端，还要设立专职水利人员，

[1] 吴邦庆：《畿辅河道水利丛书 · 水利营田图说跋》，农业出版社，1964 年。

[2] 吴邦庆：《畿辅河道水利丛书 · 畿辅水利私议》，农业出版社，1964 年。

随时巡视。关于水稻问题，后来咸丰、同治、光绪时，天津海滨屯田时仍然种植水稻。同治二年（1863），监察御史丁寿昌提出，应该在北京西直门外一带发展水稻种植，让奉天农民捐输旱稻，稻谷一石抵粟米二石，由海运至天津，再运至京师，“且此项旱稻，可为谷种。若于京城设局，令农民赴局买种，每人不过一斗，以资种植。近畿本有旱稻，得此更可盛行。将来畿辅有水之地，可种水稻；无水之地，可种旱稻，较之粟米高粱，其利数倍”[1]。如京西六郎庄到2000年还有稻田。

丁寿昌以东北旱稻作为北京稻种，让北方无水之地种植旱稻，这是比较实际的看法，是他考虑到旱稻比较适合北京水源较少的实际情况而提出的意见。

海淀六郎庄稻田

2000年7月30日

图片来源于北京市海淀区档案馆

总之，清代讲求

[1] 盛康、盛宣怀编，葛士浚辑：《皇朝经世文续编》卷四三《筹备京仓疏》，上海图书集成局清光绪十四年铅印本。

畿辅水利者，总结了历史的经验和教训，论证了畿辅水性、土性、民情等各方面的问题，驳斥了反对畿辅水利的各种意见，补充并完善了具体的技术方法如用水、用田、水稻品种等方面的意见和建议。关于畿辅水利的认识，又向前进了一步，但是仍然存在一些没有解决的理论问题。

三、桂超万、李鸿章对畿辅水利态度的前后转变及原因

清道光、咸丰、同治、光绪时，桂超万和李鸿章先是支持发展畿辅水利，后来又发生了转变。道光十五年（1835）十二月，江苏巡抚林则徐，请桂超万校勘《北直水利书》。[1] 不久，桂超万《上林少穆制军论营田疏》，非常赞赏林则徐的主张，又补充了四条意见。其中一条是关于畿辅水利中的水稻技术人才问题，他认为可以从直隶的玉田、磁州请来水稻种植的技术人才，另外三条是关于开水利营田的时间及如何

[1] 林则徐:《林则徐集 · 日记》，中华书局，1962—1965 年。

消除阻挠等问题。

大约在道光二十三年（1843），桂超万在畿辅为官八年后，对畿辅水利的态度大为转变。他说："后余官畿辅八年，知营田之所以难行于北者，由三月无雨下秧，四月无雨栽秧，稻田过时则无用，而乾粮过时可种，五月雨则五月种，六月雨则六月种，皆可丰收。北省六月以前雨少，六月以后雨多，无岁不然。必其地有四时不涸之泉，而又有宣泄之处，斯可营田耳。"[1]北方三月无雨下秧，四月无雨栽秧，旱地作物，五月、六月皆可种植，降水特点决定了北方大部分地区不适宜种植水稻，只有局部地区有四时长流水，才可种植水稻。桂超万从赞成畿辅水利，到后来认为畿辅发展水稻生产困难，其根本原因是，他认识到，畿辅大部分地区雨热不同季的水热条件，不适宜发展水稻。只有玉田、丰润、磁州等水源充足的地方，才适宜发展水稻。

李鸿章对畿辅水利的态度，前后也有变化。同治十二年（1873），朝廷"以直隶河患频仍，命总督

[1] 盛康、盛宣怀编，葛士浚辑：《皇朝经世文续编》卷三九《上林少穆制军论营田疏》，上海图书集成局清光绪十四年铅印本。

李鸿章仿雍正年间成法，筹修畿辅水利”[1]。同治十三年，李鸿章指示淮军统领周盛传，筹办天津海滨屯田水利，“尽地利而裨防务”。周盛传是南方人，他在天津建新城，往来津、静、南洼之交，非常惋惜天津海河两岸空廓百余里的荒地不耕，当得到李鸿章的指示后，周盛传“留心履勘，讯问乡农，博访昔人成法，略识历次兴修之绪”。他说：“海上营田之议论，自虞文靖始发其端，至徐氏贞明而大畅其旨。元脱脱丞相、明左忠毅公，皆尝试办，卓有成效。万历中，汪司农应蛟遂建开屯助饷之议。并水利海防为一事，与今日情势略有同者。……创试于葛沽、白塘二处，后逐年增垦。……我朝康熙间，蓝军门理为津镇，倡兴水田二百余顷，皆在城南就近处所，海河上游，至今海光寺南，犹有莳稻者。雍正年间，怡贤亲王修复闸座引河，多循汪公旧迹。乾隆十年及二十九年、三十六年，修治水利案内，迭次从事疏浚，而稻田迄未观成。仅葛沽一带，民习其利，自知引溉种稻，至今不绝。”周盛传回顾元明清倡导并实践京东水利者的事迹，他认

[1] 《清史稿》卷一二九《河渠志四·直省水利》，民国（1912—1919）铅印本。

为，天津仅仅白塘、葛沽等处有水稻。另外，海上营田，可以并水利、海防为一事。周盛传所言不虚，至今天津小站水稻也是水稻名品。

同时，周盛传分析以往海滨水利屯田不能长久的原因："引水河沟，规制太窄，海滨土质松懈，一遇暴雨横潦，浮沙松土，并流入沟，惰农不加挑挖，不数年而淤为平地，此沟洫所以易废也。南方置闸，只须嵌用石灰，铺砌牢固。海上沙土，遇水则泄，非用三合土锤炼镶底丈余，不足以御冲荡。闸板须置两层，则水不能过，泥亦易捞。前人建闸，或亦未尽如法。潮汐上下，坍刷日久，必至倾圮淤垫，此闸洞所以易废也。"北方土质浮松，易于淤积；海滨沙土，遇水则泄，应该采取措施，使用三合土镶底，才可以防止海水冲荡。应设置两层闸板。

周盛传计划："就海河南岸略加测步，除去极东海滨下梢，由碱水沽至高家岭，延长约百余里，广十里，计算可耕之田，已不下五十余万亩。就中疏河开沟，厚筑堤埂，略仿南人圩田办法，广置石闸涵洞，就上游节节引水放下，以时启闭宣泄，田中积卤，常有甜水冲刷，自可涤除净尽，渐变为膏腴。”[1] 挑浚引河一道，分建桥闸、沟洫、涵洞，试垦万亩，获稻不下数千石。[2]

周盛传又拟开海河各处引河，试办屯垦，在碱水沽建闸增挑引河，导之东下，以资浇灌新城附近之田。又拟在南运河建闸，另开减河分溜下注，洗涤积卤，开垦海河南岸荒田。[3]

光绪七年（1881），李鸿章奏报“抽调淮、练各军分助挑办，淮军统领周盛传更于津东之兴农镇至大沽，创开新河九十里，上接南运减河，两旁各开一渠，以便农田引灌。其兴农镇以下，又开横河六道，节节挖沟，引水营成稻田六万亩，且耕且防，海疆有此沟河，亦可限戎马之足”[4]。

光绪七年三月，当左宗棠上奏陈述治理直隶水利的主张时，李鸿章对畿辅水利的态度，却发生了转变。

[1] 盛康、盛宣怀编，葛士浚辑：《皇朝经世文续编》卷三九《议覆津东水利稿》，上海图书集成局清光绪十四年铅印本。

[2] 盛康、盛宣怀编，葛士浚辑：《皇朝经世文续编》卷三九《防军试垦碱水沽一带稻田情形疏》，上海图书集成局清光绪十四年铅印本。

[3] 盛康、盛宣怀编，葛士浚辑：《皇朝经世文续编》卷三九《拟开海河各处引河试办屯垦禀》，上海图书集成局清光绪十四年铅印本。

[4] 盛康、盛宣怀编，葛士浚辑：《皇朝经世文续编》卷一一〇《覆陈直隶河道地势情形疏》，上海图书集成局清光绪十四年铅印本。

首先，李鸿章认为前代畿辅河道水利，难收实效："畿辅河道，自宋元迄明，代有兴作，实效鲜闻。惟北宋何承矩就雄霸等处平旷之地，筑堰为障，引水为塘，率军屯垦，以御戎马。专为预防起见。今之东西淀皆其遗址。维时河溯，本多旷土，堰外即属敌境，听其旱潦，无关得失，故可专利一隅。厥后人民日聚，田畴日辟，野无弃地，不能如前之占地曲防，故治之之法，亦复不易。"[1] 北宋在雄县、霸县兴修水利，多有军事意义。后来河北人民众多，田野尽辟，无空闲土地，兴修水利，实属不易。

其次，他认为，康熙乾隆时，先后历时数十年，浚筑兼施，始克奏功，仍难免旱潦。嘉庆道光以后，河务废弛日甚。即使雍正四年刚报竣工，五年夏秋永定等河漫决多口，受水者三十余州县，营田缺雨，难资灌溉，不久多改旱田。同治十年前后，畿辅淀泊淤积，闸坝废弃，引河、减河填塞，天津海口不畅。清代后期气候干旱缺水，水利设施废坏，发展水利田不易。

最后，他认为畿辅河道水利难以奏效的根本原因

---

[1] 盛康、盛宣怀编，葛士浚辑：《皇朝经世文续编》卷一一〇《覆陈直隶河道地势情形疏》，上海图书集成局清光绪十四年铅印本。

是“河道本来狭窄，既少余地开宽，土性又极松浮，往往旋挑旋塌。且浑流激湍，挑沙壅泥，沙多则易淤，土松则易溃。其上游之山槽陡峻，势如高屋建瓴，水发则万派奔腾，各河顿形壅涨。汛过则来源微弱，冬春浅可胶舟。不如南方之河深土坚，能容多水，源远流长，四时不绝也”[1]。北方的河，沿岸土质松浮，多为季节性的河，汛期过后水源微弱，冬春更是浅水，不如南方河流四时水源不绝。

光绪十六年（1890），给事中洪品良，以直隶频年水灾，请筹疏浚以兴水利。李鸿章上奏反对：

> 原奏大致以开沟渠、营稻田为急，大都沿袭旧闻，信为确论。而于古今地势之异致，南北天时之异宜，尚未深考……（直隶径流）沙土杂半，险工林立，每当伏秋盛涨，兵民日夜防守，甚于防寇，岂有放水灌入平地之理？今若语沿河居民开渠引水，鲜不错愕骇怪者。
>
> 且水田之利，不独地势难行，即天时亦南北

[1] 盛康、盛宣怀编，葛士浚辑：《皇朝经世文续编》卷一一〇《覆陈直隶河道地势情形疏》，上海图书集成局清光绪十四年铅印本。

迥异。春夏之交，布秧宜雨，而直隶彼时则苦雨少泉涸。今滏阳各河出山处，土人颇知凿渠艺稻。节届芒种，上游水入渠，则下游舟行苦涩，屡起讼端。东西淀左近洼地，乡民亦散布稻种，私冀旱年一获，每当伏秋涨发，辄遭漂没。此实限于天时，断非人力所能补救者也。

以近代事实考之，明徐贞明仅营田三百九十余顷，汪应蛟仅营田五十顷，董应举营田最多，亦仅千八百余顷，然皆黍粟兼收，非皆水稻。且其志在垦荒殖谷，并非藉减水患。今访其遗迹，所营之田，非导山泉，即傍海潮，绝不引大河无节制之水，以资灌溉，安能藉减河水之患，又安能广营多获以抵南漕之入？

雍正间，怡贤亲王等兴修直隶水利，四年之间，营治稻田六千余顷，然不旋踵而其利顿减。九年，大学士朱轼、河道总督刘于义，即将距水较远、地势稍高之田，听民随便种植。可见治理水田之不能尽营，而踵行扩充之不易也。

恭读乾隆二十七年圣谕“物土宜者，南北燥湿，不能不从其性。倘将洼地尽改作秧田，雨水多时，自可藉以储用，雨泽一歉，又将何以救旱？从前近京议修水利营田，始终未收实济，可见地利不能强同”。谟训昭垂，永宜遵守。

即如天津地方，康熙间总兵蓝理在城南垦水田二百余顷，未久淤废。咸丰九年，亲王僧格林沁督师海口，垦水田四十余顷，嗣以旱潦不时，迄未能一律种稻，而所费已属不赀。光绪初，臣以海防紧要，不可不讲求屯政，曾饬提督周盛传在天津东南开挖引河，垦水田千三百余顷，用淮勇民夫数万人，经营六七年之久，始获成熟。此在潮汐可恃之地，役南方习农之人，尚且劳费若此。若于五大河经流多分支派，穿穴、堤防、浚沟，遂于平原易黍粟以粳稻，水不应时，土非泽埴，窃恐欲富民而适以扰民，欲减水患而适以增水患也。[1]

李鸿章的意见，表面上看又回到元明清时反对畿辅水利者的路子上，实际上却比较符合清后期的实际情

[1] 《清史稿》卷一二九《河渠志四 · 直省水利》，民国铅印本。

况。第一，北方雨热不同季，春季雨水少，水稻难以下秧栽秧。只有旧时水源丰富处才可以种植水稻，而东西淀附近，乡民虽种植水稻，但伏秋大汛，就遭遇漂没。因此以北方水热条件，多数地方不适宜种植水稻。第二，清后期华北气候已经变得更加干旱，缺少地表水，南北二泊，东西二淀，或填淤，或变成民地。发展水田、种植水稻，不符合当时的气候和水源状况。第三，永定河自康熙三十七年修筑堤坝以后，河日淤高，堤日增长，坝上开渠实不可取。同治十年前后，畿辅大小河流上的水利工程已经废败，不可使用。河淀下游入海不畅，海潮倒灌，每遇积潦盛涨，横冲四溢，连成一片，顺天、保定一带水患非常严重。[1]周盛传天津种稻，用时六七年才有所收获，得不偿失。这种实践，使李鸿章反对在畿辅修水利、种植水稻。因此，他认为，应该兴修河道工程，如挑浚大青河下游，另开滹沱河、减河，疏浚永定河上游桑干河等。从以上两点看，李鸿章的说法，符合清后期的气候、水源情况，也是来自实践的。第四，清后

[1] 盛康、盛宣怀编，葛士浚辑：《皇朝经世文续编》卷一一〇《覆陈直隶河道地势情形疏》，上海图书集成局清光绪十四年铅印本。

期，东北农业的发展、粮食贸易的活跃，能为京师提供部分粮食。国家采取了一些缓和江南赋重漕重的措施，大大减少了讲求畿辅水利的必要性。

道咸同以来，江南督抚如林则徐、曾国藩、李鸿章都致力减轻江南浮赋。如同治二年（1863），李鸿章请减苏松太每年起运交仓90万至100万石，著为定额，永远遵行，[1]得到朝廷允准。“减漕之举，文忠导之于前，公与曾、李二公成之于后。”[2]林则徐倡导减少南漕，冯桂芬、曾国藩和李鸿章成之于后。同治二年，苏松太减赋事件，对苏松影响甚巨，“一减三吴之浮赋，四百年来积重难返之弊，一朝而除，为东南无疆之福”[3]。以上几点，是李鸿章对畿辅水利态度发生转变的根本原因。

[1] 冯桂芬:《显志堂集》卷九《请减苏、松、太浮粮疏》(代李鸿章作)，清光绪刻本。

[2] 冯桂芬:《显志堂集》卷首，吴大瀓光绪三年春正月《序》，清光绪刻本。

[3] 冯桂芬:《显志堂集》卷首，俞越光绪二年《序》，清光绪刻本。

四、结论

我国自唐宋以后经济重心南移。元明清定都北京，发展华北西北农田水利，以就近解决首都粮食供应，是元明清时期江南籍官员学者的理想，有时也被最高统治者所接受认可，成为一种集体意识，显示了最高统治者有时也努力去解决南北区域经济发展不平衡的问题。但是这种意识，是否符合华北、西北的水土性质？元明清时期华北、西北的气候大势是干旱少雨，水源丰富的时段和地区比较少。发展华北、西北水利的主张是否合理，不能一概而论，要看具体的时段和地区。乾隆二十七年圣谕："物土宜者，南北燥湿，不能不从其性。倘将洼地尽改作秧田，雨水多时，自可藉以储用，雨泽一歉，又将何以救旱？从前近京议修水利营田，始终未收实济，可见地利不能强同。"这是比较符合实际的。

元明清时期人们对华北水利的认识，给我们什么启示？第一，应树立水利是公共事业的意识。为避免地方利益之争，政府应主持水利事业。河流有其自然的流域和走向，与行政区划并不一致，如果不通盘计划，往往发生水利纠纷。“盖一村之名，止顾一村之利害，一邑之官，止顾一邑之德怨。”[1]

第二，华北淀泊周围淤地，不可耕种，要留为蓄水泄洪之区。北方淀泊，相当于南方湖泊，是容水之区。华北淀泊多一尺之淤，则少受一尺之水。耕种湖泊周围淤地，是人与水争地，水旁溢则泛滥。

第三，华北诸水，“非尽可用之水，亦非尽不可用之水；即用水之区，不必尽可艺稻之地，亦未尝无可以艺稻之地”。对华北水利和华北种稻等事，应持辩证的态度，分类指导，因地制宜，因时制宜，不可一概而论。

第四，作物品种要适合华北的水土条件。元明清倡导华北西北水利者，力主在北方发展水稻生产。京东、邯郸、磁州水源丰富处，可以发展水稻。但旱地或水源缺乏时，则不宜发展水田和种植水稻。申时行提出，旱田不必改为水田、旱地作物不必完全改为水稻，吴邦庆提出根据水土情况，种植黍、稷、麻、麦，

[1] 李光昭修，周琰纂：《东安县志》卷一五《河渠志》，乾隆十四年刻本。

悉听其便，丁寿昌提出要引进东北旱稻品种等，都是变通而切合实际的思路。在华北干旱条件下，耐旱作物品种，是符合时宜、地宜的选择。

附录一　海上长城的筹划者郑若曾

在中国古代历史上，如果要找一位较早具有海防意识的人，那么这个人首先是郑若曾。在明隆庆年间（1567—1572），有人说如果军队能遵行他所写的50条“海防条议”，那么海上长城可以万世无虞。确实，郑若曾就是古代历史上海上长城的筹划者。

郑若曾，字伯鲁，号开阳，明苏州府昆山县人。他大约生于正德元年（1506），卒于万历十年（1582）左右。正德（1506—1521）末、嘉靖（1522—1565）初，他受业于魏校之门，但其时湛若水、王守仁讲学的名声很大，大约在嘉靖二年至十六年，他又先后师事湛若水和王守仁，但湛和王对他几乎没有影响。郑若曾有经世之学，乾隆《江南通志》卷一百五十一，说他“幼有经世之志，凡天文、地理、山经、海籍，靡不周览”，他的学问受到苏松人的尊重。倭寇之乱时，当地官员往往与他讨论海防事宜；嘉靖三十二年（1553）他答松江知府方公廉“松江府海防议”；三十三年答任环“弭盗事宜”；三十四年条上周观所“禁革事宜”，答曹子忠中丞“申饬海防事宜”，体现了他对海防的关注和设想。

大约从嘉靖三十四年开始，郑若曾成为胡宗宪的幕客，出定海关，考察海防形势，编写《筹海图编》，为海防海战筹划方略。当时人们对日本的了解不多，坊间印行的《日本考略》，真伪难辨。为了知己知彼，他从奉化人手中购得《南岙倭商秘图》，拿着书去访问使臣、降倭通事（翻译）、火长等，编成《日本图纂》。绘制日本国图和入寇图，介绍日本历史、地理、语言及与中国关系史、倭船、倭刀、寇术等，认为倭寇所长在刀法，而日本尚武好杀，更是中国所不及的，进而指出朝廷应征募习武之民。对通往日本的海道，他绘制撰写了《使倭针经图说》。针经是海上航行指南，记载航线附近的暗礁、浅滩等海底地貌，航线上各主要岛屿、海港等海上地貌等，因海上地理位置，常用针位（罗盘针位）来表示，所以也叫针路。他记载的“太仓使往日本针路”和“福建使往日本针路”，不仅附有中国至日本航线沿途各岛海岸、岛屿平面图，而且还画出可用于导航的茶山、小琉球山、钓鱼山、赤屿、硫黄山等 27 座山的山形。为防范沿海人民通倭，他只载入贡故道，而间道便利，皆隐而不言，对抗倭有较高的安全意识。

历史上讲究西北边防和陆战的兵书不少，海防、海战问题只是由于倭寇之乱才受到人们的重视。由于海防、海战是新情况、新问题，所以尽管当时戚继光著有《纪效新书》，唐顺之著有《武编》等，但对海防、海战，仍注意不够。郑若曾认为，制器之法、制药之方，虽见于《武经总要》，却多不适合御倭；《纪效新书》所载似切合御倭，可惜不多；兵家器械虽多，但《武经总要》所载器械，只利于山战、陆战，利于海战者不多。他重视海防，反对拘守海港而不敢出洋御敌作战，说：“防海之制，谓之海防，则必宜防之于海。”[1] 又说：“海防莫急于舟师”，海中战法攻船为上，其次则靠火器。他绘制了 17 种船的图形，详细介绍每种船的特点及

[1] 郑若曾：《筹海图编》卷一二《经略二 · 御海洋》，台湾商务印书馆影印文渊阁四库全书。

用途。火器虽有二三百种之多，但海船能利用的只有喷筒、火药桶、火球三种。两舟相远用喷筒，两舟相逼用火药桶，旧式火球震天一响，不能杀敌，为此他记载了新的火球制造方法，即把小铁刺菱、地火鼠置入炮内，燃烧时能杀伤敌人。为了使敌人不能制造、使用火器，他提出有补于军政之实用的办法，即实行官府开局煎硝，留为军需物资，不许民间私煎，限制沿海商民出口焰硝，使敌人不能制造火器。

他认为陆战以人谋为主，江海之战取决于对风潮、地形的掌握。他少时曾听乡老奚秋蟾讲述一些海战和航海知识，又遍览《海道经》《针路》《渡海方程》、山东方志等，对海潮、海风、风讯、滩涂有所了解，又出定海关，泛舟海上，验证了书本知识，对海防提出了有益的见解。他认为，苏、松内洋，多伏沙、暗涂，随潮涨落，时隐时现，只能利用本洋沙船、沙民；苏松海滩涂泥逐渐平衍，潮至时，小舟可以靠岸，大舟则必须远泊。初泊之舟，须等后潮才能浮脱。苏松近海航线上，由于存在着危险的暗礁、浅沙，即使本洋沙船也易搁浅，因此必须潮涨行船、潮落抛泊。往年，军队曾因不熟悉海潮情况，损兵折将，这是“殷鉴不远”，强调掌握潮候规律对水兵海战和海岸行军的重要性:“南沙之候，岂特水兵海战之所当知，海岸行师，殆有不可忽焉者乎！”[1]

船行大海，要受风潮的影响。顺风而往，逆风即不可回，顺潮而往，逆潮即不可回；风湖皆逆，则回船向后而行；风潮皆顺，则一泻千里。我船行，敌船亦行，越追越远，求战不得。有时遇敌欲战，而我方各船，离远势孤而罢，有时我方各船相近而敌舟又远离。有时我兵偶合，敌舟已近可以战，而风或大作。风平而浪不静，两舟相撞即碎，也不敢战。何时可战，何时不可战，所过山岛是否可泊，风信何时将作，潮势的急缓，有无暗礁伏沙，都对海战起着重要作用。由于海战比陆战难，他希望海军将领是能大致懂得料风、占浅的人，重视舵工，出洋有备，敢涉远洋讨伐外敌，而不致有覆灭之祸。

倭寇往往利用清明前后的东北风大汛和重阳后的西北风小汛，侵入我国。郑若曾认为，我兵应在春汛、小汛前一个月，将各道统兵官分守信地，令其督领部

[1] 郑若曾:《江南经略》卷八上《海潮利害论》，台湾商务印书馆影印文渊阁四库全书。

兵出沿海。兵船停泊之处，如在嘉湖，出三关；在绍兴，出龛山、临山、观海、三江；在宁波，出定海、昌国、象山；在海门，出新河、松门；在温州，出楚门、盘石、金乡，安营操练，与兵船相表里。如倭寇潜入海口，则水兵星罗于外，陆兵云布于内，趁其疲惫无备时，歼灭之。五月、十月底撤兵归道。他建议，此法应通行浙、直、广、福各省。[1]

对苏州、松江海防，他认为苏松海防，以御寇洋山为上策，寓海防于捕鱼之中，在小满前后春汛时，放渔船出洋，辅以兵船，协力而战，不募兵而兵强、不费粮而粮足、不用稽查而无倭寇躲闪之弊，实是把海防、经济、军费等问题综合考虑的好方法。

对浙、直海防，他提出三重防线，即会哨于陈钱岛，分哨于马绩、洋山、普陀、大衢，为第一重；出沈家门港、马墓港为第二重；总兵督发兵船驻扎海上为第三重。郑若曾曾出定海关，浮海踏勘海防形势。他认为洋山乃苏松御倭海道之上游，舟山诸山是两浙之屏翰，崇明诸沙是三吴之屏翰。定海海外诸山，舟山最大。

[1] 郑若曾:《筹海图编》卷一二《经略二·固海案》，台湾商务印书馆影印文渊阁四库全书。

定海乃宁、绍之门户，舟山又定海之外番，保有舟山，对于宁绍乃至浙直尤为关键。

他提出万里海防的概念，把沿海的广东、福建、浙江、直隶、山东各省一起作为明朝海防前线来看待。各省相近卫寨兵船，要转相会哨，如广福新兵船会哨、浙直福兵船会哨，和福洋五寨会哨。沿海五省大海相连，唇齿相依，若分界以守，则孤立受敌，势弱而危；若互为声援，协谋会捕，辅车相依，使万里海洋固若金汤。沿海之兵，与内地之兵，宜相策应，沿海之宁、绍，与温、台，也应互相策应，使“浙江海防严禁，有俾于直隶；直隶海防严禁，有俾于浙江，辅车之势成，而浙直地方，皆可以无虞”[1]。

郑若曾关于海防的观点和建议，如“诫谕将吏”10条，“行军节制”56条，“申饬海防事宜”4条，“禁革事宜”4条，都得到施行。松江府海防同知郑元韶说:“其于防御之计，至周至密，十余年来，海不扬波，未必不由此也”,又说海军如能遵循他的“海防条议”50条，并参考险要图说及兵器论兵船论，“则海上长城

[1] 郑若曾:《江南经略》卷一下《海防论五》，台湾商务印书馆影印文渊阁四库全书。

万世无虞矣”[1]。清朝四库全书馆臣说，郑若曾的学问“皆得之于阅历，江防、海防形势，皆所目击；日本诸考，皆咨防究，得其实据，……与书生纸上之谈，固有殊也”[2]，这个评价合乎实际。之后出现的海防书籍，如范棶的《两浙海防类考续编》、蔡逢时的《温处海防图略》等，所谈只是两浙或温州处州海防，比起郑若曾的万里海防思想，略逊一筹。倭寇之乱平定后，郑若曾以佐胡宗宪有功，被朝廷授以锦衣卫职。他有感于真正有功的唐顺之等人没有受到封赏，于是辞去朝廷官职。后来他对《筹海图编》又有所增补。

嘉靖四十一年（1562）初夏，苏松兵备道王道行，在苏州金阊门附近旅舍中访问郑若曾，对他说：“子之作《筹海图编》，志则勤矣。然江防重务也，何而略之与？”他同意研究江南防御问题，但没有接受王道行所提供的工薪和图书。于是他和两个儿子各操小舟，游于三江五湖间，辨别道里通塞，形势险阻，斥堠要

[1] 郑若曾：《江南经略》卷七下《海防条议》，台湾商务印书馆影印文渊阁四库全书。

[2] 纪昀总纂：《四库全书总目提要》卷六九《史部二十五·地理类二·郑开阳杂著十一卷》，河北人民出版社，2000 年。

津，并向当地居民父老访问，两年后完成10万字的《江南经略》。隆庆二年（1568），他在留耕书房里写成《江南经略序》，这部书在地方官员支持下刊行。

在这部书里，他提出了江防、湖防的观点。他认为太湖很重要，论水利则三郡田赋丰歉系之，论兵防则三都封疆安危系之，全吴利害亦无大于此。“向来论经略者，多未之及”，他“遍阅史志及访耆老，太湖图古所未有”，于是“乃操小艇，历五湖半载，始有所得。凡港渎通塞之迹，古今同异之名，何者为水利之所关，何者为兵防之所要，悉详识之，而绘为二图。……庶司兵者得有所据以便规画也”[1]。他发展了海防观，说：“海防之策，御寇于海洋、海岸，既已详言之矣。若论今时至计，则为今日之大忧者，似不在于海防，而尤在于留都。留都、海防相为表里。……留都安，则海滨盐盗之徒不敢啸聚，而海防之政易于修举。”他把海防与江防结合起来，说“御倭之法，海战为上，故先之以《海防图》，海防失守而兹漫及江，故《江防图》

[1] 郑若曾：《江南经略》卷一下《湖防论》，台湾商务印书馆影印文渊阁四库全书。

次之。”[1]在他看来，保卫海洋，就是保卫苏松，就是保卫浙直，也是保卫南京，从而保卫长江。晚年，他引用万历六年（1578）全国垦田、税额数字，写成《论财赋之重》和《苏松浮赋议》，论证了苏松二府田赋之重，提出恢复北洋海运以省东南民力的建议。

郑若曾一生不仕，他的好友归有光说：“以伯鲁之才，使之用于世，可以致显仕而不难。顾以诎于时，而独以重于乡里之间。”[2]从历史上看，郑若曾虽然不仕，但他的海防论，却对当时和后世，都有相当大的影响。

[1] 郑若曾：《江南经略·凡例》，台湾商务印书馆影印文渊阁四库全书。

[2] 归有光：《震川先生集》卷一四《郑母唐夫人寿序》，上海古籍出版社 1981 年点校本。

附录二　郑若曾行年、著作考

——兼论《筹海图编》的作者问题

《四库全书总目提要》著录题名为郑若曾的著作有多种，郑若曾在嘉靖中为胡宗宪的幕客，他生活的年代、师友事迹、著作情况到底如何，以及《筹海图编》的实际作者问题，由于史料不多，有些情况难以确定，现在略加考证，以就教于史学界的同志们。

一、生平事迹

郑若曾生于何年？四库馆臣说："若曾少师魏校，又师湛若水、王守仁，与归有光、唐顺之亦互相切磋。"[1]

[1]《四库全书总目提要·史部地理类三》，清文渊阁四库全书本。

湛若水生于成化二年（1466），王守仁生于成化八年（1472），魏校生于成化十九年（1483）。若曾既师事三人，那么他的生年当在这三人生年之后，即应在成化年之后。归有光生于正德元年（1506），卒于隆庆五年（1571）；唐顺之生于正德二年（1507），卒于嘉靖三十九年（1560）；郑若曾与归有光、唐顺之互相切磋，那么他的生年当和唐、归二人不相上下，也就是说应在正德年间前后。

归有光说："予友郑君伯鲁，少游庄渠、甘泉先生之门，晚与唐以德为友。居于郡城，士大夫皆崇尚之，今年十二月某日，奉其母太夫人唐氏为八十之寿。予与伯鲁，同为魏氏诸倩。内家诸弟多从伯鲁学者。是睿甫来请余为太夫人寿序。……伯鲁夫妇偕老，今年六十。而其子已有孙，于是郑氏五世。"[1] 这里的"郑君伯鲁"指郑若曾。郑若曾，字伯鲁。"同为魏氏诸倩"，指郑若曾娶魏校之堂弟魏庠之长女，归有光娶魏庠之仲女。归与郑为同门、朋友、连襟，年龄不会相差很大。这篇寿序至晚应作于归举进士之时，即嘉靖四十四年

[1] 孙岱编：《震川先生集》卷一四《郑母唐夫人寿序》，清文渊阁四库全书本。

（1565）。这一年，归有光六十岁，郑若曾也是六十岁。如果这个推测大体不错，那么由嘉靖四十四年上推60年当是正德元年。以此类推，郑若曾的生年大约在正德元年（1506）前后。

郑若曾卒于何时？郑若曾著《江南经略》，在卷首《江南经略原序》中提到自己在嘉靖末还和他的两个儿子泛舟于三江五湖，落款为“隆庆戊辰冬十有日月，昆山郑若曾伯鲁氏书于留耕书房”[1]，这表明隆庆二年（1568）前后郑身体还很健康；胡宗宪在万历初受谥号为襄懋，郑若曾提到这件事，证明万历二年郑还及见朝廷诏书；而《郑开阳杂著》卷二《论财赋之重》引用万历六年（1578）全国垦田、税额数据，卷十一之《苏松浮赋议》有“籍曰太祖怒吴民不即归附，故以加赋示罚，一罚至二百余年，抑亦不忍言矣”[2]云云，所说“二百余年”如从洪武元年算起，到万历六年为210年，也就是说，郑若曾至少在万历六年，还引用国家档案资料，那他的卒年就应在万历六年以后，或者在万历

[1] 郑若曾：《江南经略》卷首《江南经略原序》，清文渊阁四库全书本。

[2] 郑若曾撰：《郑开阳杂著》卷一一《苏松浮赋议》，清文渊阁四库全书本。

十年左右。而其卒时年纪应超过 60 岁接近 70 岁。

郑若曾“少师魏校”是在何时？魏校字子才，号庄渠，又号恭简，学者称其庄渠先生。魏校生于成化十九年（1483），他堂弟魏庠生于成化二十二年。魏庠从结婚到有女嫁给郑若曾，应该是在三十五岁左右，即在正德末、嘉靖初，而魏校讲学的时间正是在正德、嘉靖之间，如归有光所说“庄渠魏先生，于正德、嘉靖之间，以明道为己任，是时海内慕从者不少”[1]。也许，郑若曾正是在嘉靖初年，跟魏校学习的。当时学子来跟魏校学习，而魏庠也供应诸生的宿膳，“四方士来造恭简公（魏校），即公（魏庠）所饮酒，视馆致食，礼无不备”，这四方士应该有郑若曾。郑由学徒而成为女婿的可能极大，“诸子孙受恭简公之业，多在成均及郡邑序。其嫁娶，尽吴中大族贵官也”[2]。因此，身为苏州学或昆山县学学生的郑若曾，跟魏校学习成为魏家的女婿，这是正德末、嘉靖初年的事，归有光

[1] 孙岱编：《震川先生文集》卷二九《周孺亨墓志铭》，清文渊阁四库全书本。

[2] 孙岱编：《震川先生文集》卷一八《外舅光禄寺典簿魏公墓志铭》，清文渊阁四库全书本。

所说的“少游庄渠先生之门”与四库馆臣所说的“少师魏校”相符。也许郑若曾正是在这时成为贡生。

郑若曾“师湛若水、王守仁”是在什么时候呢？虽然王守仁从正德七年（1512）至十一年（1516）为南京太仆寺少卿，居官南京，但儿童郑若曾不可能来听他讲学；世宗嘉靖二年（1523）至六年（1527）王守仁在越中会稽稽山书院等处讲学，从各地来听讲的达三百多人。湛若水在南京讲学，大约始于嘉靖九年（1530）为南京国子监祭酒时，李贽说他“讲学于新泉书院，江都、休宁、贵池等处，公书院所在而是”[1]；嘉靖十六年他致仕以后，周游各郡讲学。郑若曾从湛若水问学，应在嘉靖九年至嘉靖十六年左右。总之，在嘉靖九年至十六年左右，郑若曾师事湛若水和王守仁。但湛和王对他没有影响，因为郑若曾在自己的著作中，一次也没提到湛若水，只有一次提到“昔阳明先师克建武功”[2]，这是否能说明郑不喜欢理学的空谈呢？

[1] 李贽撰：《续藏书》卷二二《理学名臣》，清文渊阁四库全书本。

[2] 郑若曾：《江南经略》卷一上《兵务举要》，清文渊阁四库全书本。

归有光又说郑若曾“晚与唐以德为友”[1]。唐顺之字应德，四库馆臣说“与归有光、唐顺之互相切磋”，郑若曾与归有光的关系如上述，他们切磋学问也见诸记载。他与唐顺之的私交很好，《震川先生文集》卷九《郑氏三子字说》载：“昆山郑士鲁名其三子应龙、应麟、应鸾，……士鲁尝学魏庄渠先生，而以是名其三子，盖望之以求仁之说也”，于是他分别为郑氏三子取字为左卿、趾卿、声卿。士鲁即伯鲁，为郑若曾的字，这是没有疑问的。郑若曾与唐顺之切磋学问，见诸《江南经略》卷三下的“与唐论沙战法”，卷五上有“孟渎口筑堡议”则说：孟渎口“不可以不筑者，此荆川唐公之见所以为不可及也。何也？孟渎为苏诸郡之咽喉。荆川默识平此，倡议兴筑，功大矣，但惜其即世弗获与之面议。……愚见似当厘为二堡，两岸分筑”[2]，这说明，他们确实在一起切磋学问。

总之，郑若曾大约于嘉靖初年从魏校学习，嘉靖二年至六年从王守仁问学，嘉靖九年至十六年从湛若

[1] 孙岱编：《震川先生集》卷一四《郑母唐夫人寿序》，清文渊阁四库全书本。

[2] 郑若曾：《江南经略》卷五上《孟口筑堡议》，清文渊阁四库全书本。

水问学。

郑若曾一生不曾为官，以学问闻于乡里。嘉靖初贡生。“幼有经世之志，凡天文、地理、山经海籍，靡不周览。”[1]他的好友归有光说：“以伯鲁之才，使之用于世，可以致显仕而不难。顾以诎于时，而独以重于乡里之间。”[2]嘉靖三十年代东南倭寇之乱时，他才有用武之地，《江南经略》卷三下有郑若曾嘉靖癸丑（嘉靖三十二年）答方郡伯公廉的“松江府海防议”；卷七下有他嘉靖甲寅（嘉靖三十三年）答任环（复菴）兵宪的10条“弭盗事宜”；卷七上有他于嘉靖乙卯（嘉靖三十四年）条上周观所侍御的“禁革事宜”4条，同卷还有乙卯答曹子忠中丞中的“申饬海防事宜”11条。郑若曾的经世之才，早为乡里所重，所以当倭寇始乱，就有这么多官员向他讨教海防事宜。

但郑若曾主要是作为胡宗宪的幕客。《江南通志》说“嘉靖中岛寇扰东南，总制胡宗宪、大帅戚继光皆

---

[1] 赵宏恩修：《江南通志》卷一五一《人物志·武功》，清文渊阁四库全书本。

[2] 孙岱编：《震川先生集》卷一四《郑母唐夫人寿序，清文渊阁四库全书本。

重若曾，才多咨决”；四库馆臣说若曾“佐胡宗宪幕平倭寇有功”。那么他是何时成为胡的幕客呢？考胡宗宪事功的全盛，是在嘉靖三十四年至四十年，他广招幕客，也应该在这一时期。《江南经略·序》中说：“壬戌初夏，兵宪太原王公道行，顾予于金阊逆旅，而诘之曰：‘子之作《筹海图编》，志则勤矣。然江防重务也，而略何与？’”金阊门是苏州城门之一，壬戌为嘉靖四十一年，《筹海图编》完成（但后来有增补修改，如卷九的《大捷考平录》中有记嘉靖四十四年胡宗宪二次被逮事，显系后来增补）。《郑开阳杂著》卷八《万里海防图》第一幅左上角有题款：“嘉靖辛酉浙江巡抚胡宪序，昆山郑若曾编摹。”嘉靖辛酉，即嘉靖四十四年，这说明在嘉靖四十四年，郑若曾仍是胡宗宪的幕客。总之，是否可以说郑若曾佐胡宗宪、戚继光是在嘉靖三十四年到嘉靖四十四年呢？

郑若曾“以倭平议功，授锦衣卫职，辞弗受”[1]。他为何辞锦衣卫职？他所作的《勤功三誓》也许可以为我们提供答案。文中说，癸丑之春（嘉靖三十二年）、

[1]　赵宏恩修：《江南通志》卷一五一《人物志·武功》，清文渊阁四库全书本。

己卯之秋（嘉靖三十四年）、己未之夏（嘉靖三十八年），三次战役的主将蔡公、曹公、荆川唐公，都没有被授功，曹公、蔡公已出赴他职，唐公已死，他愿“效孙盛作《晋春秋》,直书时事”[1]。该文作于唐顺之死（嘉靖三十九年）之后，大为蔡、曹、唐抱屈。他不接受朝廷的封官，也许有为上述三人鸣不平的意思。

从嘉靖四十一年开始到四十三年中，郑若曾“携二子应龙、一鸾，分方祗役，更互往复，各操小舟，遨游于三江五湖间，所至辩其道里通塞，系而识之，形势险阻，斥堠要津，令工图之，相度于居民，爰咨于父老，集一方之识即为一方之计，务求切实可行，……凡二越岁，而略者始详，讹者始信，为书九百五十翻，为图一百八十有五，论议考说记辨三百五十有奇,而举要之类不与焉。共计十余万言。”[2]完成《江南经略》初稿。隆庆二年刊行。其中，他又于“嘉靖丙寅（嘉靖四十五年）上汤维寅兵宪”50条“海防条议”[3]。

[1] 郑若曾:《江南经略》卷八下《阵营论一》，清文渊阁四库全书本。
[2] 郑若曾:《江南经略·原序》，清文渊阁四库全书本。
[3] 郑若曾:《江南经略》卷七下《见行兵阵二》，清文渊阁四库全书本。

根据《论财赋之重》和《苏松浮赋议》，至少在万历六年（1578）左右，郑若曾写成论苏松二府财赋之重的文章。这两篇文章中引用了万历六年会计录的数字。

综上，可得出如下结论：

第一，郑若曾约生正德元年，卒于万历十年左右，享年超过 70 岁。

第二，正德末、嘉靖初年，他师事魏校，成为魏家诸倩并成为贡生。嘉靖二年至六年从王守仁问学，嘉靖九年至十六年从湛若水问学。但他几乎没有受到湛若水和王守仁的影响；晚年与唐顺之、归有光友善，并切磋学问，他有经世之志和经世之才，受到昆山士大夫尊敬。

第三，嘉靖癸丑（嘉靖三十二年）、甲寅（三十三年）、乙卯（三十四年）他与地方官员如方郡伯公廉、任复奄兵宪、周观所侍御、曹子忠中丞往复讨论海防事宜。

第四，郑若曾于嘉靖三十四年至嘉靖四十四年在胡宗宪幕府。

第五，嘉靖四十一年时《筹海图编》已完成，受王道行的影响，郑若曾和他的两个儿子泛舟于三江五湖，调查太湖和下游江河的地理形势，到隆庆二年基本编成《江南经略》。嘉靖丙寅（四十五年）与兵备道汤维寅论海防。

第六,万历六年至十年左右，引用全国垦田、税额数据，著成《苏松浮赋议》和《论财赋之重》，论证了苏松二府重赋的存在。

二、《郑开阳杂著》和《筹海图编》同异
——兼论《筹海图编》作者

四库著录题为胡宗宪撰《筹海图编》，又著录《郑开阳杂著》，并说“是书旧有《筹海图编》”，这里所说的郑若曾《筹海图编》和四库著录的题为胡宗宪撰的《筹海图编》是什么关系？二书是不是同一书呢？《筹海图编》的作者究竟是谁？

（一）从两书目录来看两书异同及《筹海图编》作者

四库馆臣说:《郑开阳杂著》，郑若曾著，十一卷。“分别为万里海防图论二卷、江防图考一卷、日本图纂一卷、朝鲜图说一卷、安南图说一卷、琉球图说一卷、海防一览图一卷、海运全图一卷、黄河图议一卷、苏松浮粮议一卷。其海防一览图，即万里海防图之初稿，以详略互见，故两存之。若曾尚有《江南经略》一书，独缺不载，未喻其故，或裒缉者偶佚欤。”[1]

《郑开阳杂著》卷四至七，介绍日本、安南、朝鲜、琉球的地理历史，以及它们与中国的关系。其他还有海防、江防、黄河、海运、财赋。海防，主体现在卷一、卷二《万里海防图论》，卷八《海防一览——万里海防图》中。其中《海防一览——万里海防图》，据四库馆臣说是《万里海防图论》的初稿，“以详略互见，故两存之”[2]。

[1] 《四库全书总目》《史部十一·地理·边防之属·郑开阳杂著之提要》。

[2] 《四库全书总目》卷六八史部二十四《水经注卷四十》，清乾隆武英殿刻本。

具体说，本部分内容分两图、论两种。

图:《杂著》卷一《万里海防图论》上，共有图42幅，分别是广东沿海山沙图12幅、福建沿海山沙图9幅，浙江沿海山沙图21幅;《杂著》卷二即《万里海防图论》下，共有图34幅，分别是直隶沿海山沙图8幅，山东沿海山沙图8幅，辽东沿海山沙图5幅，日本国图2幅，日本入寇图1幅。卷一、卷二共计76幅；卷八图有12幅，图上有论，如第三幅正南向广东图上就有“广东要害论”和“广福人通番当禁论”，内容稍为简略而已。

论:

《杂著》卷一，即《万里海防图论》上，共有论15则，它们是广东要害论、南澳守御论、广东兵饷论、琼馆守御论、惠州守御论、广福人通番当禁论，广福浙兵船会哨论、福洋要害论、福建兵防论、福建守御论、福洋五寨会哨论、福宁州守御论、浙洋守御论、舟山守御论、浙直福兵船会哨论。

《杂著》卷二，即《万里海防图论》下，共有论22则，它们是苏松海防论、苏松水陆守论、江北设险守御论、江淮要害论、山东预防论、登州营守御论、文登营守御论、即墨营守御论、辽东军饷论、辽东守御论、日本入寇论、论御倭之法、论沙船之利，论福苍船之弊、海船纵贼内寇之由、论沙兵民兵之辨、论练兵之法、论黄鱼船之利、论海塘之役、论烽堠之要、论海运之利、论财赋之重。

《杂著》卷三《江防图考》，有江源考、江防考；卷九《海运全图》，有海运图说、海道附录；卷十《黄河图议》，有黄河议；卷十一《苏松浮赋议》。从表面上看来，这些与上述海防部分不相协调，故郑氏后人把郑若曾的著作称为《郑开阳杂著》。实际上，这部分内容与上述海防部分是有联系的，治河、通漕、海运、边防、海防、苏松财赋之重，是当时关系海防安全、国计民生的大事，也关系苏松财赋之重的问题。郑若曾对上述问题有综合考虑和设想，正体现了他对国家安全、国计民生的深谋远虑，后人取名《郑开阳杂著》，不足以反映郑若曾的经世致用思想。

四库馆臣说:《筹海图编》十三卷，明胡宗宪撰。胡宗宪，字汝贞，号梅林，绩溪人。嘉靖戊戌（嘉靖十七年，1538）进士，官至兵部尚书，督师剿倭寇，以言官论弹劾，下狱瘐死。万历初（1573），追复原官，谥襄楙。事迹见《明史本传》。《筹海图编》共十三卷，卷一为舆地全图、沿海沙山图（广东、福建、浙江、直隶、登莱五省）；卷二为王官使倭事略、太仓使往日本针经图、倭奴朝贡事略、日本国图2幅、倭国事略等；卷三至卷七，分别为五省沿海郡县图、兵防考、倭变记、事宜等；卷八，嘉靖以来倭奴入寇总编年表、寇迹分合图谱；卷九，大捷考；卷十，遇难殉节考；卷十一、十二、十三，江南经略考。[1]

以《郑开阳杂著》和《筹海图编》对照，二书内容有同有异。二书相同的地方在于：

（1）《郑开阳杂著》卷一、卷二共有76幅图，《筹海图编》卷一采入74幅，没有采入的是日本国图，但在首尾，增加舆地全图和日本岛夷入贡图。《郑开阳杂著》卷四关于日本的论述，《筹海图编》卷二大部分采入，没有采入的只是国朝贡式，增加了王官使倭事略和倭国朝贡事略，并把《郑开阳杂著》中《使倭针经图说》，改为《太仓使往日本针路》，把“若曾按”改为“按”。

[1] 《四库全书总目》《史部十一·地理·边防之属·筹海图编之提要》。

（2）《筹海图编》卷十一、十二、十三的“经略”中有很多子目。每目，先说明作者的看法，然后引时人胡世宁、谭伦、杨博、唐顺之、魏校、张时澈、戚继光、俞大猷、仇俊卿等人的议论，略加评论，最后是作者的见解。每目最后的意见，往往与《郑开阳杂著》卷一、卷二的“论”相同，如《筹海图编》卷二“勤会哨”的后论，就是《郑开阳杂著》卷一的“广、福、浙兵船余论、福洋五寨会论”“浙、直、福兵船会哨论”[1]。此类例子较多，不能备举。

这就是说，《郑开阳杂著》中海防图、论，都以或明显或隐蔽的形式，出现在《筹海图编》中。

出现这些明显的相同，说明有两种情况，一是两书为同一作者，二是两书中有互相抄袭的可能。是《郑开阳杂著》抄袭《筹海图编》？还是反之？四库馆臣说，《郑开阳杂著》“旧分《筹海图编》《江南经略》《四澳图论》，本各自为书”，难道说《郑开阳杂著》卷一、卷二，就是原来的《筹海图编》吗？

从表面上看，二书相异的地方在于：

---

[1] 郑若曾撰：《郑开阳杂著》卷一《万里海防图论》，清文渊阁四库全书本。

（1）《郑开阳杂著》卷三《江防图考》，卷五《朝鲜图说》，卷六《安南图说》，卷七《琉球图说》，卷八《海防一览万里海防图》，卷九《海运全图》，卷十《黄河图议》，卷十《苏松浮赋议》，是它所独有的。

《郑开阳杂著》卷八《海防一览》，是《万里海防图》的初稿，而后者的内容与《筹海图编》卷一的内容相同。

（2）《筹海图编》卷三至卷七，五省沿海郡县图、防考、倭变记、防守事宜等，是《郑开阳杂著》表面上没有的，但并不能说明其作者就是胡宗宪，而很有可能是郑若曾。为什么？

其一，《郑开阳杂著》卷六江南诸所目下，有关于松江府海防的意见，最后题“已上都史方公廉，前任松江府呈”。《江南经略》卷四上有“松江府海防议”，是“嘉靖癸丑答方郡伯公廉”的。这二者，文字完全相同，可知作者是郑若曾。只是不知道“上都御史方公廉”和“答方郡伯公廉”，哪个说法更确切。

其二，下文（二）之（1）可以证明，《筹海图编》的五省防守事宜的作者是郑若曾，“倭变记”和“防守事宜”也是郑若曾所撰。其他内容是不是也是郑若曾所撰呢？

综上，两书明显相同的地方很多，可能是同一作者，或是抄袭。两书表面相异的地方，其内容实质相同，有的内容，甚至可以证明，就是郑若曾所撰。

（二）从思想内容来考虑《筹海图编》的作者

（1）海运是郑若曾所关心的，《江南通志》说郑若曾"动有经世之志，凡山经、海籍，靡不周览"[1]。海防、海运、海道、海图等，都应是海籍。《郑开阳杂著》卷二，论海运之利；卷八第 11 幅图上，有恢复海运的一段文字；卷九有《海运图说》。《筹海图编》卷七"山东事宜"中的有些段落，也谈到海运。

> 山东关系大要，尤在海运。予考元明海运故道，南自福建梅花所，北自太仓刘家河起，迄于直沽，迢迢五千里。永乐以后会通河成，海运遂废。……

[1] 赵宏恩修：《江南通志》，清文渊阁四库全书本。

海运之罢，端为山东之海险也。以愚观之，漕河自王家闸以北，至于德州，千有余里，乃国家咽喉命脉，其通其塞所系匪轻。况黄河渐徙而南，或冲而北，易为漕患。今承平修复海运，以备不虞，岂非国家之大计哉！

……夫会通河也，胶莱新河也，登莱海险也，皆山东所辖之处。今之论山东海患者，但知备倭，而不知备运，愚故并及之。（其法甚详，见《大学衍义补》《海道经》等书）

这里说的“予”“愚”是谁呢？明朝有经世思想的人一直很向往海运，如丘濬在《大学衍义补》中所说的，《海道经》是海籍之一。笔者认为，这里的“予”应是郑若曾；况且，此处有批评“知备而不知备运”[1]的思想，这不可能是胡宗宪自责的话。最重要的是，它与郑若曾在《郑开阳杂著》卷十一《海运图说》中表现的思想一致，他说：

[1] 郑若曾：《郑开阳杂著》卷一一《大学衍义补》，清文渊阁四库全书本。

> 间考元时海运故道，南自福建梅花所起，北自太仓刘家河起，迄于直沽，南北不过五千里，往返不逾二十日。不惟海运便捷，国家省经费之繁，抑亦货物相通，海滨居民，咸获其利，而无盐盗之害。自永乐以来会通河成，海运遂废。运者皆由漕河，所以避开洋之险也。海险莫甚于成山以东白蓬头等处，危礁乱矶，湍流伏沙，不可胜记。然在熟识水洪者，可趋避。今黄河渐徙而南，或冲而北，屡为漕患。愚意宜修复海运旧制……至于料浅、占风之法，定船、望星之规，放洋、泊舟之处，详见《大学衍义补》《山东通志》《海道经》等书，无烦复赘矣。

两段文字、思想基本相同。且《筹海图编》此段，与《郑开阳杂著》卷十《黄河议》的主旨相通。《黄河议》说：“河自王家闸以北，至于德州，千有余里，乃国家命脉，所系匪眇。万一决坏，百万漕粮，将安挽之？愚谓胶河之说，及今行之可也……今日为东南边防计，所宜备海；为国家根本计，所宜备运，愚故并论之。”[1]又与《郑开阳杂著》卷十山东图上的文字相同：“元时运道自福建梅花所起，至直沽口止。国初海陆兼运，永乐间会通河开，始用漕法，海运废。会通河南北之咽喉，宜修海运，以防梗塞之患，详见《大学衍义补》《广舆图》《海道经》等书。”[2]《郑开阳杂著》的作者是郑若曾，而《筹海图编》卷七的这段文字，也应该是郑若曾所作。

（2）御海洋是抗倭战争中出现的一种观点。《筹海图编》卷十二“御海洋”，历引唐顺之、严中等人的议论，然后说：“御海洋之策，有言其可行者，有言其不可行者，将何以从者为定乎？尝亲至海上而知之，……此御海洋之议所由建也。……如愚见，哨贼于远洋而不常厥居，击贼于近洋而无使近岸，是之谓善体立法之意，而悠久可行也。”[3]

郑若曾重视海防，有《海防论》五则，《江南经略》

[1] 郑若曾：《郑开阳杂著》卷一〇《黄河议》，清文渊阁四库全书本。

[2] 郑若曾：《郑开阳杂著》卷八《海防一览》，清文渊阁四库全书本。

[3] 胡宗宪撰：《筹海图编》卷一二经略二《御海洋》，清文渊阁四库全书本。

卷八上《御海洋论》的文字，与上引文字不同，只是《筹海图编》的“尝亲至海上而知之”[1]，在《江南经略》中为“若曾尝亲至海上而知之”；《筹海图编》的“此御海洋之议所由建也”[2]，在《江南经略》中为“总督梅林胡公与赵工尚之议所由建也”；《筹海图编》的“是之谓善体立法之意，而悠久可行也”，在《江南经略》中为“是之谓善体梅林胡公立法之意而悠久可行也”。《筹海图编》成书在先，而《江南经略》成书在后，不能认为后者抄袭前者，而只能认为是郑若曾撰写《江南经略》时，把旧稿《御海洋论》编入书中，而《筹海图编》是他在胡宗宪幕府所作，既不能突出他自己的名字，也不能以第三人称来写胡宗宪，但在他自己的旧稿或底稿中，则可以说“若曾尝亲至海上”，也可以说“总督梅林胡公”了。

（3）抗倭中出现了关于调客兵、练乡兵、募土著的争论。郑若曾主张慎调募。《筹海图编》卷十一“慎调募”，先引时人之论，然后说：“予按今之论御者有三，

[1] 郑曾若撰：《江南经略》卷八上《御海洋论》，清文渊阁四库全书本。

[2] 胡宗宪撰：《筹海图编》卷一二经略二《御海洋》，清文渊阁四库全书本。

曰调客兵，曰练乡兵，曰募土著之兵。愚以为，募土著之兵可也。调客兵与练乡兵，不可也。”[1]这个“予”指谁呢？笔者认为，指郑若曾，而不是胡宗宪。理由是《江南经略》卷八下有《慎调募论》三则，其中《调募论一》与《筹海图编》中的“予按”完全相同。另《筹海图编》卷十一“慎调募”中的“湖兵”，与《江南经略》卷八下之《调湖兵议》，文字完全相同。《慎调论》《调湖兵议》晚出，是否可以认为是郑若曾据旧稿，加以发展呢？这些都表明四库题为胡宗宪著的《筹海图编》，体观的是郑若曾的思想，文字也多出自郑若曾之手。

（4）《筹海图编》对胡宗宪的称谓、态度，证明此书非胡宗宪撰而是郑若曾撰。以《筹海图编》卷五的“浙江倭变记”为例，作者对其他将领，只在姓名前加官职，如“参将汤克宽破贼于鳖子门”“参将俞大猷等追击，大败之”[2]。而提到胡宗宪则说，“巡按御使胡公宗宪败之于王江泾”“总督侍郎胡公宗宪率官讨平之”“总督胡公宗宪佯纵贼”“总督胡公诱擒之”。胡

[1] 胡宗宪撰：《筹海图编》卷一一《慎调募》，清文渊阁四库全书本。

[2] 胡宗宪撰：《筹海图编》卷五《浙江倭变记》，清文渊阁四库全书本。

宗宪出身进士，如果他果真亲撰书，应自称“愚”或“宗宪”，而不应自称为“胡公宪”，这说明此书非胡亲撰。

联系（二）之（2），可以认为，此书是郑若曾所撰。

《筹海图编》卷九《平倭录》说：“事平之后，襄懋中谗死。同志如茅先生鹿门几至破家，有功秀才蒋洲、陈可愿至谪戍，生平受襄懋卵翼煦沫者，皆噤而避匿，且讳之不敢出声。……公半壁之功，十余年出生入死，辛苦泯泯至此，安用一时文士为？余老矣，每访求不可得，间有谈者，年迈不可信。近见唐凝庵先生《胡少保传》，极为详赡，喜甚，订录数款。”[1] 襄懋，是胡宗宪死后，隆庆六年朝廷给他的谥号。这样的口气，不是胡所用，只能是受胡保护的幕客，而这个幕客只能是郑若曾。

（5）《筹海图编》对于历史记载的态度证明，此书作者为郑若曾而非胡宗宪。卷十《遇难殉节考》小序说：“此卷所载，名教所关，故不嫌特书，人事之详略，悉有凭据。或限于耳目之未接，或由于传闻之疑似者，始阙之，以俟同志者增入焉。”[2] 这样的“俟同志者增入”

[1] 胡宗宪撰：《筹海图编》卷九《平倭录》，清文渊阁四库全书本。

[2] 胡宗宪撰：《筹海图编》卷一〇《遇难殉节考》，清文渊阁四库全书本。

的口吻，很像郑若曾在《江南经略》之《凡例》中的“东南之人相与救正之、辅益之”。卷十一《大捷考》，依次指出每“考”作者，如《平望之捷》，太学生俞献可撰；《陆泾坝之捷》，昆山举人李绩撰；《乍浦之捷》，余姚举人诸大圭撰；《龛山之捷》，山阴县学生员徐渭撰；《淮扬之捷》，兵部侍郎蒋应奎撰；等等。不掠人之功为己有，不是胡宗宪的做派，如王江泾之捷，实为张经之功，胡宗宪却贪为己有。而郑若曾不仅自己不接受朝廷赏官，而且为唐顺之等人抱屈。依此看，《大捷考》的编者应是郑若曾。

（三）前人认为《筹海图编》是郑若曾所撰

（1）四库子部兵家类著录的《江南经略》卷八，卷首《江南经略原序》，对确认郑若曾是《筹海图编》的作者很重要。书中说：

> 壬戌初夏，兵宪太原王公道行，顾予于金阊逆旅，而诘之曰：“子之作《筹海图编》，志则勤矣。然江防重务也，而略之何与？……宜加撰述，以附于《筹海》之编。

壬戌为嘉靖四十一年，胡宗宪得罪下狱是在嘉靖四十四年。“兵宪太原王公道行”，就是王道行，他曾作过《三吴水利考》两卷，他说“子之作《筹海图编》”云云，其说法是可信的。

（2）四库史部地理类存目四著录《筹海图编》十卷，《题要》说：

> 明邓钟撰。钟，字道鸣，晋江人。万历二十二年，倭大入朝鲜，海上传警。总督萧彦命（邓）钟，取昆山郑若曾《筹海图编》，删其繁，重辑成书，冠以各处海图，次记奉使、朝贡之事，又分案沿海诸省，记其兵防、制变各事宜，而以经略诸条终之。于前代旧事，亦间有引证。前有（萧）彦序一篇，极称胡宗宪功，亦当时公论也。

从所述内容看，邓钟所看到的“郑若曾《筹海图编》”，内容有海图奉使、朝贡、沿海诸省之兵防、制变、经略等，这明显与四库题为胡宗宪撰的《筹海图编》的内容一致，而不是指四库馆臣于史部地理类所说的

“是书旧分《筹海图编》……本各自为书”[1] 中的《筹海图编》，即不是如上文所论的《郑开阳杂著》卷一和卷二的内容。这是否说明，不存在“是书旧分《筹海图编》”云云的所谓《筹海图编》？而只有现今我们见到的题为胡宗宪所撰的《筹海图编》？而这部书，在万历二十二年萧彦、邓钟作《筹海重编》时仍称“昆山郑若曾《筹海图编》”。郑若曾、胡宗宪是嘉靖时代的人。郑若曾，万历六年左右还健在，萧彦和邓钟所说，应该是可信的，而四库馆臣在为《筹海重编》作题要时，也承袭了萧彦、邓钟的原意。这表明和郑、胡同时而稍后的人，认为郑若曾是《筹海图编》的作者。

（3）清朝康雍乾时编纂的《江南通志》说，郑若曾撰有《筹海图编》。康熙二十二年，两江总督于成龙等创修《江南通志》；雍正七年，两江总督尹继善等奉诏重修，乾隆元年书成上奏，该书卷一百五十一说：“郑若曾，所有《筹海》等书。”这条记载，应当是可信的。

[1] 《四库全书总目》卷六九史部二十五地理类《水经注四十卷》，清乾隆武英殿刻本。

（四）郑若曾自说是作《筹海图编》

《江南经略》之《凡例》说，他所作《经略》偏重于苏、松、常、镇，“杭、嘉等府事宜之详，予载《筹海图编》，同志者合而观之，当互见矣”[1]。如果他没有作《筹海图编》，他是不会这样说的。

《江南经略》卷一《湖防论》说，海船十余种，“若曾已图形于《筹海图编》，可览而知”[2]。考四库著录的《郑开阳杂著》卷一、卷二、卷八，这些有关海防部分，没有海船图形，这一点，似可证明四库馆臣所说《杂著》“旧分《筹海图编》《江南经略》《四隩图论》本各自为书”中的《筹海图编》不是指《郑开阳杂著》卷一、卷二的内容。相反，在四库著录的题为胡宗宪撰《筹海图编》卷十三《经略三》之兵船图说，有几十种渔船的图和说。这可证明渔船图说，是郑若曾所作。

综上，可以认为《郑开阳杂著》与《筹海图编》为同一作者。四库著录的题为胡宗宪著《筹海图编》，实际作者是郑若曾，这也符合幕客和幕主的关系。郑若

[1] 郑若曾：《江南经略》《凡例》，清文渊阁四库全书本。

[2] 郑若曾：《江南经略八卷》卷一下《湖防论》，清文渊阁四库全书本。

曾在胡宗宪幕府所著《筹海图编》，自然题为胡宗宪，时人如王道行、萧彦、邓钟及康雍乾时代的撰稿者，都明确说此书为郑若曾所作。

《四库全书总目》《明史艺文志》题《筹海图编》为胡宗宪撰，不能说完全没有道理。因为胡宗宪是幕主，也许他提出编写《筹海图编》的要求和主要思路，并且提供了生活资料和编写条件，著作成书后，署其名也是应该的。郑若曾的工作，也算是职务创作。但这对郑若曾不公平，也不反映实际情况。

郑若曾家又有《江南经略》，其后人据稿本或底本，进行加工整理，则去其中引用的唐顺之、张时澈、俞大猷、茅坤、戚继光诸人的议论，题名为《郑开阳杂著》。按说，四库馆臣对书籍的整理和传播，做了一定的工作，但为什么在对《筹海图编》作者问题上，有这样的疏忽？笔者认为主要原因是四库全书总目题要是众手整理，总裁官可能没有统稿，致使对同一《筹海图编》的地理类存目四说是由郑若曾撰，而史部地理类二题为胡宗宪撰。假如编纂者或总裁官，系统地看过这两部书，是可能会对《筹海图编》的作者问题做一番考证的。

郑若曾对海防等问题有卓越的见解，这样一位有经世之学的人，只因他一生不仕，遂埋没了他的生平事迹，实在可惜。像《筹海图编》这样重要的著作，不论《明史·艺文志》或《四库全书总目·史部地理类二》都题为胡宗宪撰，这不能完全反映真实的历史情况，本文对此做了一些初步的工作，希望引起史学界的重视。

又：此文写于20多年前，此次整理，又发现一些新的材料，可以证明《筹海图编》为郑若曾所撰，现在补充于下。

明代太仓人王世贞之子王士骐撰《驭倭录》九卷。他是万历十七年（1589）进士，为兵部主事时编写《驭倭录》，采集明代倭寇事迹，起洪武元年，讫万历二十四年。凡当时所奉诏旨、诸臣章奏、中外战守方略，案年编纪，颇具本末。其自序以为“郑若曾《筹海图编》多取野史为证，往往失真。故所录，皆就国史中拈出”。四库馆臣指出，“当时奏报，亦多掩败为功，欺蔽蒙饰。国史所载，正未必尽为实录也”[1]。这说明万历中期，《筹海图编》作者为郑若曾，是毫无争议之事。只是一位毫无抗倭经历的兵部主事，竟然轻易否定郑若曾《筹海图编》，除了因为他老爹的地位和他的进士身份，还因为他有一股骄傲之气。

清初，徐乾学持有“《筹海图编》十三卷，明郑若曾，八本”[2]。嘉庆《直隶太仓州志》卷二十四：“按郑若曾《筹海图编》。”[3]王鸣盛：“郑若曾《筹海图编》第二卷亦云，日本重儒书，多中国典籍。”[4]同治《苏州府志》多处都标注“郑若曾《筹海图编》”[5]。叶昌炽《缘督庐日记抄》：光绪十七年（1891年）“七月十七日，得郑若曾《筹海图编》一部。若曾，昆山人，著有此书及《江南经略》《四隩图论》。国朝康熙中，其五世孙起泓删汰，重编为《郑开阳杂著》。四库仅以《杂著》著录，未见单行之本，则此书为可宝矣”[6]。孙诒让：“狡倭入

[1] 《四库全书总目》卷五四，史部十，乾隆武英殿刻本。

[2] 徐乾学：《传是楼书目》（不分卷），道光八年味经书屋钞本。

[3] 《直隶太仓州志》卷二四《兵防》下，嘉庆七年刻本。

[4] 王鸣盛：《十七史商榷》卷九三“日本尚文”。

[5] 同治《苏州府志》卷二、卷二八、卷九五、卷一三九。

[6] 叶昌炽《缘督庐日记抄》卷六，民国上海蟫隐庐石印本。

寇之道，郑若曾《筹海图编》亦云详矣。臣缘兹书成于世庙季年，东北朝鲜之路似阙略。谨案，此路不候风汛顺逆，惟凭潮汐往来，较我东南十百其易，臣特表而出之。”[1] 以上都直接说“郑若曾《筹海图编》”，并且多数作者都非常看重郑若曾的《筹海图编》，认为“此书为可宝矣”。

实际上《筹海图编》作者实为郑若曾，还是需要证明的事情。藏书家卢文弨指出：“胡宗宪之《筹海图编》，实郑若曾之书。即云功归主者，然亦当分注于下，不没其实。其它若无列传，不甚显著者，亦当注其为何处人，有事迹亦宜附见于下，至如两王宠、两陆釴之类，尤宜分析，庶不致后日难考。”[2] 卢文弨指出，一方面要“功归主者”，另一方面，对于实际撰述者，应当“分注于下，不没其实”，甚至可以注明撰者的籍贯、事迹。这个意见，既重视了主持者的作用，又体现了撰述者的功劳。

这就提出了一个问题，胡宗宪为幕主，郑若曾为幕客。幕客著书，到底怎么署名？卢文弨的意见，兼

[1] 孙诒让：《温州经籍志》卷三六，民国十年刻本。

[2] 卢文弨：《读史札记》不分卷，清聚学轩丛书本。

顾了主持者和著作者双方的分工。另外，中国地方志的署名方法，不失为一种合理方法。一般县令长为修者，专门学者为纂者。县令长负责提出任务，筹措资金，提供办公处所，提供采访、印制、绘图等多方面的人员及条件。纂者为撰稿者，或撰稿负责人。现在，亟须建设良好的学术风气，卢文弨的意见，地方志的署名方法，都给我们以启示。而四库全书总目在《筹海图编》作者问题上的做法，也提供了反面的教训。

参考文献

一、历史文献

[1]《宋史》，中华书局 1977 年点校本。

[2]《元典章》，古籍出版社 1957 年刻本。

[3]《元史》，中华书局 1976 年点校本。

[4]《明史》，中华书局 1974 年点校本。

[5]《明实录》，中华书局 2016 年影印本。（或台湾“中研院”1962 年校印本）

[6] 赵尔巽主编:《清史稿》，民国（1912—1919）铅印本。

[7] 白居易著，顾学颉校点:《白居易集》，中华书局，1979 年。

[8] 欧阳修:《文忠集》，台湾商务印书馆影印文渊阁四库全书。

[9] 宋敏求:《长安志》，台湾商务印书馆影印文渊阁四库全书。
[10] 李好文:《长安志图》，清经训堂丛书本。
[11] 王祯:《农书》，清光绪二十五年广雅书局刻武英殿聚珍版丛书本。
[12] 司农司:《农桑辑要》，清武英殿聚珍版丛书本。
[13] 郑元祐:《侨吴集》，台湾商务印书馆影印文渊阁四库全书。
[14] 许有壬:《至正集》，台湾商务印书馆影印文渊阁四库全书。
[15] 许有壬:《圭塘小稿》，台湾商务印书馆影印文渊阁四库全书。
[16] 柳贯:《待制集》，台湾商务印书馆影印文渊阁四库全书。
[17] 胡祗遹:《紫山大全集》，台湾商务印书馆影印文渊阁四库全书。
[18] 钱惟善:《江风松月集》，台湾商务印书馆影印文渊阁四库全书。
[19] 余阙:《青阳集》，台湾商务印书馆影印文渊阁四库全书。

[20] 宋褧:《燕石集》,台湾商务印书馆影印文渊阁四库全书。
[21] 王恽:《秋涧集》,台湾商务印书馆影印文渊阁四库全书。
[22] 吴莱:《渊颖集》,商务印书馆,四部丛刊本。
[23] 揭傒斯:《文安集》,台湾商务印书馆影印文渊阁四库全书。
[24] 杨维桢:《东维子集》,台湾商务印书馆影印文渊阁四库全书。
[25] 虞集:《道园学古录》,商务印书馆,四部丛刊本。
[26] 陈基:《夷白斋稿》,上海书店,四部丛刊三编本。
[27] 苏天爵撰:《元名臣事略》,台湾商务印书馆影印文渊阁四库全书。
[28] 苏天爵编:《元文类》,商务印书馆,1958 年。
[29] 贡师泰:《玩斋集》,台湾商务印书馆影印文渊阁四库全书。。
[30] 马端临:《文献通考》,中华书局,1986 年。
[31] 吴师道:《礼部集》,台湾商务印书馆影印文渊阁四库全书。
[32] 王沂:《伊滨集》,台湾商务印书馆影印文渊阁

四库全书。

[33] 姚燧:《牧庵集》，台湾商务印书馆影印文渊阁四库全书。

[34] 宋禧:《庸庵集》，台湾商务印书馆影印文渊阁四库全书。

[35] 陈旅:《安雅堂集》，台湾商务印书馆影印文渊阁四库全书。

[36] 蒲道源:《顺斋先生闲居丛稿》，北京图书馆出版社，2005 年。

[37] 赵汸:《东山存稿》，台湾商务印书馆影印文渊阁四库全书。

[38] 王圻:《续文献通考》，中华书局，1986 年。

[39] 郑若曾:《郑开阳杂著》，台湾商务印书馆影印文渊阁四库全书。

[40] 郑若曾:《江南经略》，台湾商务印书馆影印文渊阁四库全书。

[41] 邵宝:《容春堂集》，台湾商务印书馆影印文渊阁四库全书。

[42] 王琼:《漕河图志》，台湾商务印书馆影印文渊阁四库全书。

［43］谢纯:《漕运通志》，明嘉靖七年杨宏刻本。
［44］叶子奇:《草木子》，中华书局，1959 年。
［45］陈子龙编:《明经世文编》，中华书局，1962 年。
［46］王在晋:《通漕类编》，学生书局影印明崇祯刊本，1973 年。
［47］归有光:《震川先生集》，上海古籍出版社 1981 年点校本。
［48］归有光:《震川先生别集》，清末石印本。
［49］唐顺之:《与莫子良论学书》，《荆川文集》，台湾商务印书馆，1985 年。
［50］申时行:《明会典》，中华书局，1989 年。
［51］陆釴:《山东通志》，明嘉靖刻本。
［52］徐贞明:《潞水客谈》，畿辅河道水利丛书本。
［53］徐光启:《农政全书》，岳麓书社，2002 年。
［54］徐光启:《徐光启全集》，中华书局，1963 年。
［55］王夫之:《读通鉴论》，中华书局 1975 年点校本。
［56］王鏊:《姑苏志》，商务印书馆，2013 年。
［57］英廉等编:《钦定日下旧闻考》，清乾隆武英殿刻本，1788 年。
［58］黄宗羲:《明夷待访录》，中华书局 1981 年点

校本。
[59] 陆世仪:《思辩录辑要》卷一五《治平类》，台湾商务印书馆影印文渊阁四库全书。
[60] 顾炎武:《日知录》，《顾炎武全集》，上海古籍出版社，2012年。
[61] 顾炎武:《天下郡国利病书》，《顾炎武全集》，上海古籍出版社，2012年。
[62] 顾嗣立:《元诗选》，台湾商务印书馆影印文渊阁四库全书。
[63] 昆冈等修:《钦定大清会典事例》，台湾商务印书馆影印文渊阁四库全书。
[64] 何塘:《柏斋集》，台湾商务印书馆影印文渊阁四库全书。
[65] 永瑢等著:《四库全书简明目录》，华东师范大学出版社，2012年。
[66] 许承宣:《西北水利议》，中华书局丛书集成初编本。
[67] 纪昀总纂:《四库全书总目提要》，河北人民出版社，2000年。
[68] 贺长龄、魏源编:《清经世文编》，中华书局，

1992 年。

二、近人今人著作

[1] 郭正忠:《三至十四世纪中国的权衡度量》，中国社会科学出版社，1993 年。
[2] 侯外庐主编:《中国思想通史》，人民出版社，1957 年。
[3] 王毓瑚校注:《王祯农书》，农业出版社，1981 年。
[4] 王培华:《元明北京建都与粮食供应——略论元明人们的认识与实践》，北京出版社，2006 年。
[5] 何兹全:《中国古代社会》，北京师范大学出版社，2007 年。
[6]《中国水利史稿》编写组编:《中国水利史稿》，水利电力出版社，1987 年。
[7]〔美〕弗·卡特、汤姆·戴尔著，庄崚、鱼姗玲译:《表土与人类文明》，中国环境科学出版社，1987 年。
[8]《中国自然资源保护纲要》，中国环境科学出版社，1987 年。

三、近人今人论文

[1] 师道刚:《从三部农书看元朝的农业生产》,《山西大学学报(哲社版)》1979年第3期。

[2] 余也非:《中国历代粮食平均亩产量考略》,《重庆师范学院学报》1980年第3期。

[3] 邹逸麟:《山东运河地理问题初探》,《历史地理》1981年创刊号。

[4] 邹逸麟:《从地理环境的角度考察我国运河的历史作用》,《中国史研究》1982年。

[5] 张沁文:《有机旱作农业战略》,《农业考古》1983年第2期。

[6] 史念海:《中国古都形成的因素》,《中国古都研究(第四辑)——中国古都学会第四届年会论文集》1986年。

[7] 蓝勇:《从天地生综合角度看中华文明东移南迁的原因》,《学术研究》1995年第6期。

[8] 陈贤春:《元代粮食亩产探析》,《历史研究》1995年第4期。

[9] 陈贤春:《元代农业生产的发展及其原因探讨》,

《湖北大学学报：哲学社会科学版》1996 年第 3 期。

[10] 李伯重:《“道光萧条”与“癸未大水”——经济衰退、气候剧变及 19 世纪的危机在松江》,《社会科学》2007 年第 6 期。

后 记

本书收录了作者1996年开始撰写的《元明清时期的“西北水利议”》等12篇论文，初步研究元明清江南籍官员学者的西北水利议。作者研读十多种农田水利的著作，发现不少江南籍官员学者，不仅关心东南水利，还提倡发展西北水利。他们中的有些人，曾历经或见证苏州府、松江府、太仓州等地一些大家族，在京师仰食东南、倭寇抄掠的双重压力下的盛衰变化，通过科举考试，重振家族。盛，吴淞江上，列第相望，百围之木，数顷之宅；衰，人民以有田产为累，屡次迁居。少数家族靠子弟进士及第、仕途顺利而恢复昔日元气。多数家族都一蹶不振。今天，苏州、昆山、上海、湖州等地，同里、周庄、角直、木渎、乌镇等古镇，正如故家大族一样，几度风雨，几度春秋。探究古代国家、社会、地区与大家族的盛衰变化，寻找变化的原因，还是有意义的。

以上这些论文，得到各刊物主编或编辑的大力支持，予以发表。水利水电研究院周魁一先生，对论文《元明清时期的“西北水利议”》有较高的评价，我感到很欣慰。由于论文写作较早，此次整理，赖北京师范大学历史学院研究生马云、任美琪、本科生褚邈等，将知网上的pdf格式论文，转换成文字稿件，统一全书的注释体例，核对引文。马云从文献中，找到一些人物像，或水利田的图、昆山古镇图，插入文中，付出了宝贵时间和精力。在查找论文中，中国农大张法瑞先生、华南农大倪根金先生、首都师范大学史明文先生等，都给予大力支持。我对各位同志的帮助和辛勤付出，表示衷心的感谢！

王培华

2019年5月5日

记于北京师范大学历史学院